普通高等教育"十三五"规划教材

农业微生物
实验技术

张玉苗　主编

张洪勋　范延辉　张韩杰　副主编

·北京·

《农业微生物实验技术》涵盖了微生物学教学、基础研究及应用研究必不可少的基本技术。内容包括五部分，分别是微生物的培养技术、微生物纯种分离技术、微生物菌株的形态学特征观察和测定、微生物菌株的鉴定实验以及农业微生物应用实验。

《农业微生物实验技术》可以作为农林院校设施农业、植保、资源环境、园艺等专业的实验教材，也可供微生物学工作者研究中参考。

图书在版编目（CIP）数据

农业微生物实验技术/张玉苗主编. —北京：化学工业出版社，2019.8
ISBN 978-7-122-34369-7

Ⅰ. ①农… Ⅱ. ①张… Ⅲ. ①农业科学-微生物学-实验技术 Ⅳ. ①S182-33

中国版本图书馆 CIP 数据核字（2019）第 078789 号

责任编辑：傅四周　　　　　　　　　　　装帧设计：史利平
责任校对：王鹏飞

出版发行：化学工业出版社（北京市东城区青年湖南街 13 号　邮政编码 100011）
印　　装：河北鹏润印刷有限公司
710mm×1000mm　1/16　印张 9　字数 137 千字　2019 年 9 月北京第 1 版第 1 次印刷

购书咨询：010-64518888　　　　　　　　售后服务：010-64518899
网　　址：http://www.cip.com.cn
凡购买本书，如有缺损质量问题，本社销售中心负责调换。

定　　价：29.80 元

前言

　　农业的本质是开发利用生物资源。传统农业是利用植物、动物资源形成"二维结构"。将传统农业调整为植物、动物和微生物资源组成的"三维结构"新型农业，是实现农业现代化的战略性调整之一。地球上三大生物资源之一的微生物资源是至今尚未充分开发利用的生物资源宝库，应用高科技生物工程技术开发微生物资源，创立微生物产业化利用的工业型农业。这类新型农业是在洁净生产车间内进行生产，人们穿戴白色工作服从事劳动，故有人形象地称之为"白色农业"，与以水土为主的绿色植物生产——"绿色农业"和以海洋为主的水产农业——"蓝色农业"并称为三色农业。

　　农业微生物资源的开发利用对促进农业生产的变革具有明显的现实意义和深远的历史意义，其必将成为世界各国政府和科技部门研究的重点。在当前研究中，应充分重视基础理论研究，同时利用先进的生物技术手段，开发出优质的菌株与产品，为人类生活水平的提高和人类的可持续发展提供保证。

　　《农业微生物实验技术》是为微生物学系以外各专业（设施农业、植保、资源环境科学、园艺等）开设的一门介绍微生物学实验技术的课程，涵盖微生物学教学、基础研究及应用研究必不可少的基本技术。其主要任务是使学生得到微生物学实验技术的基本操作和技能的训练，同时，也要使他们初步了解或掌握先进的技术和方法，与迅速发展的学科前沿接轨。

　　本书由张玉苗（滨州学院）主编，张洪勋（中喜生态产业股份有限公司）、范延辉（滨州学院）和张韩杰（滨州学院）副主编。在本书的编写过程中，我们参考了国内外许多相关的教材和文献资料，借鉴了一些前沿科研成果，在此向各位前辈和同行致以衷心的感谢。本教材还得到了学校、出版社的大力支持和帮助，在此一并表示衷心的感谢。书中若有不足之处，敬请专家和同行以及广大读者给予批评指正。

编者

2019 年 4 月

目录

农业微生物实验守则 …………………………………………… 1

第一章　微生物的培养技术　　3

实验一　微生物基础培养基的配制 ……………………………… 3
实验二　固氮微生物选择性培养基的配制 ……………………… 7
实验三　微生物鉴别性培养基的配制 …………………………… 8
实验四　无菌操作及微生物接种技术 …………………………… 11
实验五　微生物实验常用消毒与灭菌技术 ……………………… 18

第二章　微生物纯种分离技术　　22

实验六　土壤中微生物的分离培养 ……………………………… 22
实验七　水中细菌总菌落数的测定 ……………………………… 25
实验八　解磷菌和聚磷菌的筛选 ………………………………… 29
实验九　双孢蘑菇培养料中纤维素降解菌的分离与纯化 ……… 34
实验十　苯酚生物降解菌的筛选 ………………………………… 38
实验十一　产表面活性剂菌的筛选 ……………………………… 42
实验十二　外生菌根真菌的分离与纯化 ………………………… 44

第三章　微生物菌株的形态学特征观察与测定　　47

实验十三　四大类微生物菌落及细胞形态的观察 ……………… 47
实验十四　细菌的涂片及简单染色法 …………………………… 52
实验十五　细菌的革兰氏染色 …………………………………… 54
实验十六　细菌芽孢、荚膜的染色及观察 ……………………… 58
实验十七　比色法测微生物的生长曲线 ………………………… 61

实验十八　微生物数量的测定 ·············· 63

实验十九　微生物大小的测定 ·············· 67

第四章　微生物菌株的鉴定实验　　71

实验二十　大分子物质的水解实验 ·············· 71

实验二十一　糖发酵实验 ·············· 74

实验二十二　IMViC 与硫化氢实验 ·············· 76

实验二十三　厌氧微生物的培养 ·············· 80

实验二十四　质粒 DNA 的提取 ·············· 86

实验二十五　16S rDNA 序列鉴定细菌种类实验 ·············· 89

第五章　农业微生物应用实验　　96

实验二十六　乳酸发酵与乳酸菌饮料制作 ·············· 96

实验二十七　酒精发酵及糯米甜酒的酿制 ·············· 100

实验二十八　食用菌栽培技术 ·············· 103

实验二十九　耐盐碱自生固氮菌的分离与纯化 ·············· 107

实验三十　植物叶际冰核细菌的分离、筛选 ·············· 109

实验三十一　常见药用植物内生菌的分离、筛选 ·············· 112

实验三十二　碱性蛋白酶高产菌株的选育 ·············· 115

实验三十三　苏云金芽孢杆菌的分离及抑菌、杀虫活性的
鉴定 ·············· 119

实验三十四　微生物遗传育种实验——氨基酸营养缺陷型
突变株的筛选 ·············· 123

附录　　127

附录 1　微生物实验常用菌种及其学名 ·············· 127

附录 2　常用培养基成分及其配制 ·············· 128

附录 3　常用染色液和试剂的配制 ·············· 131

附录 4　常用缓冲液配制表 ·············· 135

附录 5　常用消毒剂表 ·············· 136

参考文献　　138

农业微生物实验守则

　　农业微生物实验课程的目的是：训练学生掌握微生物学最基本的操作技能；了解微生物学的基本知识；加深理解课堂讲授的某些微生物学理论。同时，通过实验，培养学生观察、思考、分析问题、解决问题和提出问题的能力；养成实事求是、严肃认真的科学态度，以及敢于创新的开拓精神；树立勤俭节约、爱护公物的良好作风。

　　为了提高教学效果，保证实验质量和实验室安全，特提出如下注意事项：

　　① 每次实验前必须对实验内容进行充分预习，以了解实验的目的、原理和方法，做到心中有数，思路清楚。

　　② 认真、及时做好实验记录，对于当时不能得到结果而需要连续观察的实验，则须记下每次观察的现象和结果，以便分析。

　　③ 实验室内应保持整洁，勿高声谈话和随便走动，保持室内安静。

　　④ 实验时要小心仔细，全部操作应严格按操作规程进行，万一遇有盛菌试管或瓶不慎打破、皮肤破伤或菌液吸入口中等意外情况发生时，应立即报告指导教师，及时处理，切勿隐瞒。

　　⑤ 实验过程中，切勿使乙醇、乙醚、丙酮等易燃药品接近火焰，如遇火险，应先关掉火源，再用湿布或沙土掩盖灭火，必要时用灭火器。

　　⑥ 使用显微镜或其他贵重仪器时，要求细心操作，特别爱护，对消耗材料和药品等要力求节约，用毕仍放回原处。

　　⑦ 每次实验完毕，必须把所用仪器摆放妥当，将实验室收拾整齐，擦净桌面。如有菌液污染桌面或其他地方时，可用3％来苏尔液或5％石炭酸液覆盖0.5h后擦去，如系芽孢杆菌，应适当延长消毒时间。凡带菌工具（如吸管、玻璃刮棒等），在洗涤前须在3％来苏尔液中进行消毒。

　　⑧ 每次实验须进行培养的材料，应标明组别及处理方法，放于教

师指定的地点进行培养，实验室中的菌种和物品等，未经教师许可，不得带出室外。

⑨ 每次实验的结果，应以实事求是的科学态度填入实验报告中，力求简明准确，认真回答思考题，并按时提交实验报告供教师批阅。

⑩ 离开实验室前将手洗干净，注意关闭仪器、水电、门窗和灯等。

第一章 ▶▶ 微生物的培养技术

实验一　微生物基础培养基的配制

一、实验目的

① 了解培养基的概念、种类及用途；

② 熟悉培养基的配制原理及其常规配制程序；

③ 学习和掌握细菌、放线菌、霉菌常用培养基的配制方法。

二、实验原理

培养基是指利用人工方法将适合微生物生长繁殖或积累代谢产物的各种营养物质混合配制而成的营养基质；主要用于微生物的分离、培养、纯化、选择、鉴定、菌种保藏等方面。自然界中微生物种类繁多，营养类型多样，加之实验和研究的目的不同，所以培养基种类很多。不同培养基一般都应含有微生物生长繁殖所需的碳源、氮源、能源、无机盐、生长因子和水等营养成分。此外，为了满足微生物生长繁殖的要求，还必须控制培养基的 pH 值。

牛肉膏蛋白胨培养基是一种用于培养细菌的培养基，属于半合成培养基。高氏 I 号培养基是一种用于培养放线菌的合成培养基。马丁氏培养基用于霉菌的分离培养。

三、试剂与器材

1. 试剂

牛肉膏、蛋白胨、葡萄糖、可溶性淀粉、琼脂、链霉素溶液、

$NaCl$、KNO_3、K_2HPO_4、$MgSO_4$、$FeSO_4$、$MgSO_4 \cdot 7H_2O$、NaOH 溶液（1mol/L）、HCl 溶液（1mol/L）。

2. 器材

烧杯、量筒、锥形瓶、培养皿、移液管（移液枪）、试管、pH 试纸、棉花、无菌封口膜、线绳、报纸、天平、高压蒸汽灭菌锅等。

四、实验方法

（一）牛肉膏蛋白胨培养基的配制

1. 培养基成分

牛肉膏	3g
蛋白胨	10g
NaCl	5g
琼脂	15g
蒸馏水	1000mL

2. 配制方法

（1）称量及溶化　根据配制量分别计算所需药品量，记录于实验记录本；取一烧杯（烧杯1），加入所需水量2/3的蒸馏水，分别称取蛋白胨和 NaCl，依次逐一加入并溶化；取另一烧杯（烧杯2），单独称取牛肉膏，然后加入少量蒸馏水于烧杯2中，加热溶化后倒入烧杯1中。

（2）定容　将烧杯1中溶液倒入量筒中，定容。

（3）调 pH　待溶液冷至室温后用 1mol/L NaOH 溶液以及 1mol/L HCl 溶液调 pH 值至 7.2～7.4。

（4）加琼脂　将对应的琼脂先放到锥形瓶中，再将定容后的液体培养基倒入锥形瓶中。

（5）封口　用无菌封口膜封口、包扎。

（6）灭菌　121℃高压蒸汽灭菌 20min。

（7）平板和斜面的制备　待培养基冷却至 60℃左右时，在超净工作台中将培养基倒入已灭菌的培养皿中或已灭菌的试管中（注意培养基约倒至试管体积的 1/4～1/3 处，斜面摆好后培养基在试管 1/2 的位置，试管口勿沾培养基），等到培养基完全凝固后，放入 4℃冰箱中保存。

（二）高氏 I 号培养基的配制

1. 培养基成分

可溶性淀粉	20g
KNO_3	1g
NaCl	0.5g
K_2HPO_4	0.5g
$MgSO_4$	0.5g
$FeSO_4$	0.01g
琼脂	20g
蒸馏水	1000mL

2. 配制方法

（1）称量及溶化　根据配制量分别计算所需药品量，记录于实验记录本；先称量可溶性淀粉，置于烧杯1中，加少许冷蒸馏水，将淀粉调成糊状，加热，使淀粉完全溶化。取烧杯2，分别称量 $FeSO_4$、KNO_3、NaCl、K_2HPO_4、$MgSO_4$，依次逐一加入蒸馏水中溶解；将烧杯2中溶液加入烧杯1中。

（2）定容　将烧杯1中溶液倒入量筒中，定容。

（3）调 pH　待溶液冷至室温后用 1mol/L NaOH 溶液以及 1mol/L HCl 溶液调 pH 值至 7.2～7.4。

（4）加琼脂　将对应的琼脂先放到锥形瓶中，再将定容后的液体培养基倒入锥形瓶中。

（5）封口　用无菌封口膜封口、包扎。

（6）灭菌　121℃高压蒸汽灭菌 20min。

（7）平板和斜面的制备　待培养基冷却至 60℃左右时，在超净工作台中进行平板和斜面的制备，等到培养基完全凝固后，放入 4℃冰箱中保存。

（三）马丁氏培养基的配制

1. 培养基成分

葡萄糖	10g
蛋白胨	5g
K_2HPO_4	1g

$MgSO_4 \cdot 7H_2O$	0.5g
琼脂	16g
蒸馏水	1000mL
链霉素溶液（10000U/mL）	3.3mL（临用前加入）

2. 配制方法

（1）称量及溶化　根据配制量分别计算所需药品量，记录于实验记录本；取一烧杯，加入所需水量 2/3 的蒸馏水，分别称取葡萄糖、蛋白胨、K_2HPO_4 和 $MgSO_4 \cdot 7H_2O$，依次逐一加入并溶化。

（2）定容　将烧杯中的溶液倒入量筒中，定容。

（3）调 pH　待溶液冷至室温后用 1mol/L NaOH 溶液以及 1mol/L HCl 溶液调 pH 值至 7.2~7.4。

（4）加琼脂　将对应的琼脂先放到锥形瓶中，再将定容后的液体培养基倒入锥形瓶中。

（5）封口　用无菌封口膜封口、包扎。

（6）灭菌　121℃高压蒸汽灭菌 20min。等到培养基完全凝固后，放入 4℃冰箱中保存。

（7）倒平板　临用前，加热熔化培养基，待冷却至 60℃左右，每 1000mL 培养基以无菌操作加入 3.3mL 的链霉素溶液（10000U/mL），迅速混匀，倒平板。

【注意事项】

① 称药品用的牛角匙不要混用，称完药品应及时盖紧瓶盖。

② 培养基配制加热过程中，须不断搅拌，以防琼脂煳底或溢出。

③ 灭菌锅操作要注意安全。

五、思考题

① 制作平板培养基有哪些注意事项？

② 培养基配好后，为什么必须马上进行高压蒸汽灭菌？如不能及时灭菌时，应将培养基暂时放置于何处？

③ 如何检查灭菌后的培养基是否无菌？

④ 在马丁氏培养基的配制中，链霉素为什么要临用前才加入？

⑤ 如果需要配制一种含有某抗生素的牛肉膏蛋白胨培养基，其抗生素的终浓度（或工作浓度）为 $50\mu g/mL$，应如何操作？

⑥ 试设计实验对饮料进行无菌检查。

实验二　固氮微生物选择性培养基的配制

一、实验目的

① 熟悉选择性培养基的原理；

② 掌握配制选择性培养基的方法和步骤。

二、实验原理

选择性培养基是一类根据微生物特殊营养要求而设计的培养基，可使目的微生物在混合菌群中转变为优势菌，从而利于分离筛选。选择性培养基均含有增菌剂或抑菌剂，用于加富的营养物主要是一些特殊碳源或氮源，如甘露醇可富集自生固氮菌，石蜡油可富集分解石油烃的微生物，较浓的糖液可富集酵母菌等。而抑菌剂的选择性抑制作用，能够使所要分离的目的微生物得到较好的繁殖，同时对其他菌具有抑制作用。抑菌剂种类较多，包括染料、亚硒酸钠、去氧胆酸钠、胆盐、叠氮化钠、四硫磺酸钠或抗生素等。可结合鉴定培养基或其他生理生化指标，提高目的菌株的分离阳性率。

Ashby无氮培养基常用于固氮菌的分离。培养基中仅含有基本碳源和无机盐，但缺少氮源，一般的细菌不能在此培养基上生长，一些固氮的细菌可以利用空气中的氮气作为氮源，故可在该培养基上生长，从而达到分离固氮菌的目的。

在农业生产上可以利用分离得到的固氮菌，制作微生物菌肥；基础研究中亦可研究其与植物的相互作用。

三、试剂与器材

1. 试剂

甘露醇、KH_2PO_4、$MgSO_4$、NaCl、$CaSO_4 \cdot 2H_2O$、无氮琼脂。

2. 器材

电子天平、烧杯、锥形瓶（250mL容量）、量筒、漏斗、试管、玻璃棒、高压蒸汽灭菌锅等。

四、实验方法

Ashby 无氮培养基的配制

1. 培养基成分

甘露醇 10g、KH_2PO_4 0.2g、$MgSO_4$ 0.2g、NaCl 0.2g、$CaSO_4 \cdot 2H_2O$ 0.2g、无氮琼脂 15～20g、蒸馏水 1000mL，pH 值 7.2～7.4。

2. 配制方法

（1）称量药品并溶化　称取培养基各成分的所需量，在烧杯中加入约 600mL 蒸馏水，依次加入培养基各成分溶化，调 pH 值至 7.2～7.4。

（2）溶化琼脂　在烧杯中加入约 400mL 蒸馏水，放入琼脂加热至溶化，与试剂溶液混合，稍作加热并补足水分至 1000mL。

（3）分装　将培养基分装，加塞，包扎，121℃灭菌 20min。

（4）倒平板　待培养基凉至 50℃时，倒平板备用。

【注意事项】

琼脂一定选择无氮琼脂。

五、思考题

① 为什么 Ashby 无氮培养基可以分离固氮菌？

② 为保证固氮菌的分离效果，配制 Ashby 无氮培养基时应注意哪些事项？

实验三　微生物鉴别性培养基的配制

一、实验目的

① 了解鉴别性培养基的原理；

② 掌握配制鉴别性培养基的方法和步骤。

二、实验原理

鉴别性培养基是一类在成分中加有能与目的菌的无色代谢产物发生

显色反应的指示剂，从而只用肉眼辨别颜色就能方便地从相似菌落中找出目的菌落的培养基。严格来讲，鉴别培养基是通过颜色反应来区分目的菌与非目的菌，如常用的伊红美蓝乳糖培养基（eosin-methylene blue medium，简称 EMB medium），它在饮用水、牛奶的人肠菌群的细菌学检查及遗传研究工作中有着重要的作用。乳糖胆盐发酵培养基主要用于食品卫生中大肠菌群的检测，该培养基中含有胆盐，能抑制大部分非肠道细菌的生长，而不能抑制大肠菌群的生长。亚硫酸铋琼脂培养基常用于分离伤寒和副伤寒沙门氏菌，在此培养基中含有葡萄糖、亚硫酸钠、柠檬酸铋铵和煌绿，它们既是抑菌剂，又是指示剂。煌绿、亚硫酸铋能抑制革兰氏阳性菌和大肠杆菌的生长，两种抑菌剂对伤寒和副伤寒沙门氏菌均无影响，而且由于伤寒沙门氏菌能发酵葡萄糖，可将亚硫酸铋还原成硫酸铋，形成黑色菌落，其周围有黑色环，对光观察可见有金属光泽，以此达到鉴别沙门氏菌的目的。

三、试剂与器材

1. 试剂

蛋白胨、牛肉膏、葡萄糖、乳糖、磷酸氢二钠、磷酸氢二钾、硫酸亚铁、煌绿、柠檬酸铋铵、亚硫酸钠、猪胆盐、伊红、美蓝、溴甲酚紫、琼脂、NaOH、HCl。

2. 器材

电子天平、烧杯、锥形瓶、量筒、漏斗、试管、玻璃棒、加压蒸汽灭菌锅等。

四、实验方法

（一）伊红美蓝乳糖培养基的配制

1. 培养基成分

蛋白胨	10g
乳糖	10g
磷酸氢二钾	2g
琼脂	20～30g
蒸馏水	1000mL
2%伊红水溶液	20mL

0.5%美蓝水溶液	13mL

2. 配制方法

（1）物品的称量与溶解　称取培养基各个成分所需量，将其放入适当的烧杯中，加入 1/2～2/3 所需水量，溶化各营养成分，并定容。

（2）调 pH 值　调节 pH 值至 7.2±0.1。

（3）加入染料　按每 1000mL 培养基加入 20mL 2%伊红水溶液和 10mL 0.5%美蓝水溶液。

（4）分装灭菌　分装到锥形瓶中，并加入适量琼脂，加棉塞进行包扎，高压蒸汽 115℃，灭菌 20min。

（二）乳糖胆盐发酵培养基的配制

1. 培养基成分

蛋白胨	20g
猪胆盐	5g
乳糖	10g
0.04%溴甲酚紫水溶液	25mL
蒸馏水	1000mL
pH 值	7.3～7.4

2. 配制方法

（1）称量与溶解　称取培养基各个成分所需量，将其放入适当的烧杯中，加入 1/2～2/3 所需水量，溶化各营养成分，并定容。

（2）调 pH 值　调节 pH 值至 7.3～7.4。

（3）加入染料　按每 1000mL 培养基加入 25mL 0.04%溴甲酚紫溶液。

（4）分装灭菌　分装并加入适量琼脂，加棉塞进行包扎，115℃高压蒸汽灭菌 20min。

（三）亚硫酸铋琼脂培养基配制

1. 培养基成分

蛋白胨	10g
牛肉膏	5g
葡萄糖	5g
磷酸氢二钠	4g

硫酸亚铁	0.3g
煌绿	0.025g
柠檬酸铋铵	2g
亚硫酸钠	6g
琼脂	18～20g
蒸馏水	1000mL
pH 值	7.4～7.6

2. 配制方法

① 蛋白胨 10g、牛肉膏 5g、葡萄糖 5g 溶于 300mL 水中作基础液；磷酸氢二钠 4g 和硫酸亚铁 0.3g 分别溶于 30mL 和 20mL 水中，混合均匀；再将柠檬酸铋铵 2g 和亚硫酸钠 6g 分别溶于 20mL 和 30mL 水中，混合均匀。琼脂则用 600mL 水煮沸至完全溶化，补足水分，冷至约 80℃待用。

② 先将磷酸氢二钠和硫酸亚铁混合溶液倾入基础液中，混匀，再将柠檬酸铋铵和亚硫酸钠混合溶液倾入基础液中混匀。

③ 将琼脂于 600mL 蒸馏水中煮沸溶解，冷至 80℃。

④ 校正 pH，随即将基础液倾入琼脂液中，混合均匀，冷至 50～55℃，加 0.5％煌绿水溶液 5mL，摇匀，倾注平皿。

注：此培养基不需高压灭菌。制备过程不宜过分加热，以免降低其选择性。应在临用前一天制备，贮存于室温暗处。超过 48h 不宜使用。

五、思考题

① 乳糖胆盐发酵培养基中胆盐起什么作用？

② 亚硫酸铋琼脂培养基为什么不用加压灭菌锅灭菌？在亚硫酸铋琼脂培养基中煌绿、亚硫酸铋起什么作用？

实验四 无菌操作及微生物接种技术

一、实验目的

① 了解无菌操作的重要性；

② 掌握从固体培养物和液体培养物中转接微生物的无菌操作技术；

③ 掌握倒平板的基本操作方法。

二、实验原理

在微生物学实验或科研生产中，要经常把一定种类的微生物菌种接种或移植到新鲜培养基中。因为接种的微生物都是纯种的，所以接种工作都必须在无菌环境下（在无菌室或超净工作台）进行，并严格遵守无菌操作技术规程。利用接种工具（如接种环、接种铲等）进行菌种的移植。因此无菌操作是接种培养微生物的关键。

常用的接种方法有斜面接种法、平板接种法、液体接种法、试管深层固体培养基的穿刺接种法等。

1. 斜面接种法

斜面接种法即把各种培养条件下的菌种，接于斜面上（包括从试管斜面、培养基平板、液体纯培养物等中把菌种移接于斜面培养基上）。这是微生物学中最常用、最基本的技术之一。接种前，须在待接种试管上贴好标签，注明菌名及接种日期。接种最好在无菌室或无菌箱内进行，若无此条件，可在较清洁密闭的室内进行。

2. 液体接种法

液体接种是一种用移液管、滴管或接种环等工具将菌液移接到培养基中的方法。吸管不同于其他接种工具，不能灼烧，可预先对其进行烘烤灭菌。

3. 穿刺接种法

穿刺接种常用于保藏菌种或细菌运动性的检查。一般适用于细菌、酵母菌的接种培养。用接种针蘸取少许菌种，移入装有固体或半固体培养基的试管中，自培养基中心垂直刺入到底，然后按原来的穿刺线将针慢慢拔出。

三、试剂与器材

1. 试剂

牛肉膏蛋白胨培养基、酒精棉球等。

2. 器材

超净工作台、酒精灯、接种环等接种工具等。

接种工具有：接种环、接种钩、接种针、接种圈、接种锄、玻璃涂棒以及其他接种工具（图 4-1）。

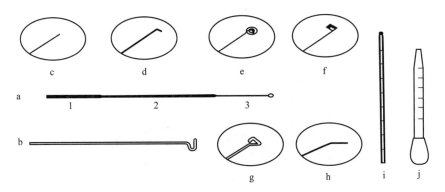

图 4-1　常用的微生物接种工具

a—接种环；b—玻璃涂棒；1—塑料套；2—铝柄；3—镍铬丝；c—接种针；d—接种钩；
e—接种圈；f—接种锄；g—三角形刮铲；h—平刮铲；i—移液管；j—滴管

四、实验方法

1. 无菌操作要点

① 建立"无菌概念"。

② 接种环境洁净，火焰旁进行操作。

③ 接种环置于专门装置上，棉塞拿于小拇指、无名指以及掌际之间，切勿随意置于实验操作台上。

2. 用接种环转接菌种

接种细菌应用接种针（环）来蘸取细菌标本，进行接种。接种环与接种针为用白金丝或合金丝所制，亦可用电炉丝代替，因它能耐高热且散热快，便于接种前后通过火焰灭菌（整个接种环烧红即达到灭菌目的）。

在使用接种环时一般采用右手持笔式较为方便，左手可持培养基进行配合，其接种程序可分为：灭菌接种环→稍冷→蘸取细菌样品→进行接种（包括：启盖或塞、接种划线、加盖或塞）→进行接种环灭菌五个程序（见图 4-2）。不同培养基，接种方法也不同。

接种方法：

① 接种前用酒精棉球擦净桌面。

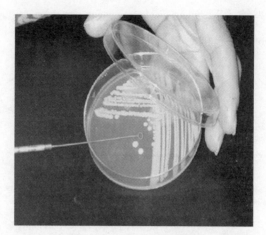

图 4-2　接种环转接菌种

② 将试管贴上标签，注明菌名、接种日期、接种人姓名等，然后用酒精棉球擦手消毒。

③ 点燃酒精灯以后，在火焰旁将每一支试管内的棉塞稍微转一下，使其松动，以便在接种时易拔出，并将试管放在试管架上，放在接种台的右前方。

④ 将菌种和斜面培养基的两支试管，用大拇指和其他四指握在左手中，使中指位于两试管之间的部分，斜向上，并使它们呈水平位置；也可将试管横放在左手掌中央，用四个手指托住试管，大拇指压在试管上，斜面向上。

⑤ 右手拿接种环，在火焰上将环的部分烧红灭菌，环以上凡在接种时可能进入试管内的部分，均应通过火焰灼烧（见图 4-3）。

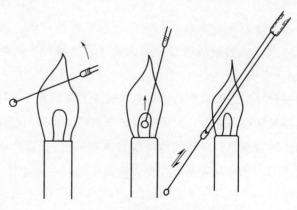

图 4-3　接种环的干热灭菌

以下操作，需要使管口靠近火旁。

⑥ 用右手小指、无名指和手掌拔掉棉塞。

⑦ 以火焰灼烧管口，灼烧时应不断转动试管口，使试管口沾染的少量菌得以烧死。

⑧ 将烧过的接种环伸入菌种试管内，先将环接触没有长菌的培养基部分，使其冷却，以免烧死被接种的菌体，然后轻轻接触菌体，取出少许，慢慢将接种环抽出试管（见图 4-4）。注意尽量不要使环的部分碰到管壁，取出后不可使环通过火焰。

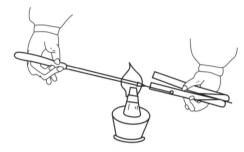

图 4-4　无菌接种操作

⑨ 迅速将接种环在火焰旁伸进另一试管，在斜面培养基上从底部划线到顶部，但不要把培养基划破，也不要使菌种沾染管壁。

⑩ 取出接种环，灼烧试管口，并在火焰旁将棉塞塞上，不要用试管去迎棉塞，以免试管在运动时灌入不洁的空气。

⑪ 将接种环在火焰上再次灼烧灭菌，放回原处后，再腾出手来将棉塞塞紧，将新接种的斜面试管放在试管架上。

⑫ 将接种后的斜面培养基放在恒温箱内培养。

3. 液体培养基中的菌种接入液体培养基中

接种工具：移液器，无菌移液管和无菌滴管。

移液管和滴管不能在火焰上灼烧，应预先灭菌。

用无菌移液管自菌种管中吸取一定量的菌液接到另一管液体培养基中，将试管塞好棉塞即可。

4. 平板划线分离法

（1）平行划线法　用接种环以无菌操作挑取悬液一环，先在平板培养基的一边作第一次平行划线 3～4 条，再转动培养皿约 70°，并将接种环上剩余物烧掉，待冷却后通过第一次划线部分作第二次平行划线，再用同法通过第二次平行划线部分作第三次平行划线和通过第三次平行划线部分作第四次平行划线（图 4-5）。划线完毕后，盖上皿盖，倒置于温室培养。

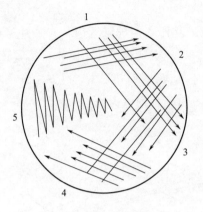

图 4-5　平行划线法

（2）连续划线法　将挑取有样品的接种环在平板培养基上作连续划线（见图 4-6）。划线完毕后，盖上皿盖，倒置于温室培养。

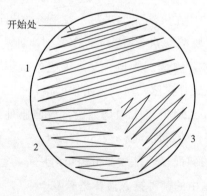

图 4-6　连续划线法

（3）其他划线法　平板划线法还有其他几种划法，见图 4-7。

5. 倒平板操作

当培养基冷至 45℃ 左右时，右手拿装有培养基的锥形瓶，左手拿培养皿，以中指、无名指和小指托住皿底，拇指和食指夹住皿盖，靠近火焰，将皿盖掀开，倒入培养基后将培养皿平放在桌上，顺时针和逆时针来回转动培养皿，使培养基和菌液充分混匀，冷凝后即成平板，倒置于 30℃ 培养 24～48h，然后观察结果（见图 4-8）。

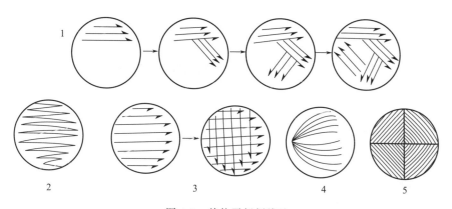

图 4-7 其他平板划线法

1—斜线法；2—曲线法；3—方格法；4—放射法；5—四格法

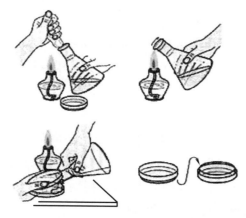

图 4-8 倒平板

五、结果与分析

（1）倒平板 每组倒 3 皿高氏 I 号培养基，3 皿孟加拉红培养基和 6 皿牛肉膏蛋白胨培养基（4 个玻璃培养皿，2 个一次性塑料培养皿）。

（2）无菌接种 通过无菌接种技术每人各接一支大肠杆菌试管和一支金黄色葡萄球菌试管。

六、思考题

① 为什么接种完毕后，接种环还必须灼烧后再放回原处，吸管也必须放进废物桶中？

② 为什么无菌操作时须在酒精灯火焰周围完成？

实验五 微生物实验常用消毒与灭菌技术

一、实验目的

① 了解微生物实验室经常用到的各种消毒与灭菌的方法；

② 重点掌握高压蒸汽灭菌法。

二、实验原理

消毒与灭菌的方法可分为加热、过滤、照射和使用化学药品等方法。

消毒是指使用较为温和的物理或化学方法杀死物体表面或内部的部分微生物（不包括芽孢和孢子）。灭菌是指使用强烈的理化因素杀死物体内外所有的微生物，包括芽孢和孢子。

1. 加热法

加热法分为干热灭菌和湿热灭菌。加热利用高温使微生物细胞内的蛋白质凝固变性而达到灭菌的目的。细胞内蛋白质凝固性与其本身的含水量有关，在菌体受热时，环境和细胞内含水量越大，则蛋白质凝固就越快；反之，含水量越小，凝固越慢。

（1）干热灭菌 有火焰灼烧和干热空气灭菌两种。

① 火焰灼烧 适用于接种环、接种针、镊子、玻璃棒、试管口、瓶口。

② 干热空气灭菌 160~170℃，1~2h，适用于培养皿、吸管、锥形瓶等，若>180℃，包器皿的纸或棉塞就会烧焦，甚至引起燃烧。

（2）湿热灭菌 湿热灭菌是用饱和水蒸气、沸水或流通蒸汽进行灭菌的方法。以高温高压水蒸气为介质，由于蒸汽潜热大，穿透力强，容易使蛋白质变性或凝固，最终导致微生物的死亡，所以该法的灭菌效率比干热灭菌法高，是药物制剂生产过程中最常用的灭菌方法。

① 高压蒸汽灭菌 是将待灭菌的物品放在一个密闭的加压灭菌锅内，通过加热，使灭菌锅隔套间的水沸腾而产生蒸汽。待蒸汽急剧地将锅内的冷空气从排气阀中驱尽，然后关闭排气阀，继续加热。此时，由

于蒸汽不能溢出，而增加了灭菌锅内的压力，从而使沸点增高，得到高于100℃的温度，导致菌体蛋白质凝固变性而达到灭菌的目的。

在同一温度下，湿热的杀菌效力比干热大。其原因有三：

一是湿热中细菌菌体吸收水分，蛋白质较易凝固，因蛋白质含水量增加，所需凝固温度降低；

二是湿热的穿透力比干热大；

三是湿热的蒸汽有潜热存在。这种潜热，能迅速提高被灭菌物体的温度，从而增加了灭菌效力。

② 常压蒸汽灭菌　明胶、牛乳、含糖培养基等，可用阿诺氏流动蒸汽灭菌器，也可用普通蒸笼。

含芽孢细菌，采用间歇灭菌，每天加热到100℃，持续30min，连续3天。

第1天，100℃，30min，杀灭其中的营养体，取出常温放置18~24h；

第2天，100℃，30min，芽孢萌发的营养体被杀死；

第3天，100℃，30min，彻底灭菌。

③ 煮沸消毒法　100℃下煮沸10~15min，一般适用于饮用水和食具的消毒，胶管、玻璃注射器和一般外科器械的简单消毒。延长煮沸时间，并加入1%的$NaHCO_3$或2%的石炭酸，效果更好。

2. 过滤除菌

通过机械作用滤去液体或气体中细菌的方法。

优点：可以不破坏溶液中各种物质的化学成分。

缺点：滤量有限。

3. 紫外杀菌

紫外线灭菌是用紫外线杀菌灯进行的。波长为200~300nm紫外线的杀菌力最强。

紫外线杀菌灯灯管是由石英玻璃制成的汞灯。其杀菌效果由微生物所接受的照射剂量决定，同时紫外线的输出能量、灯的类型、光强和使用时间也影响到杀菌效果；在城市污水消毒中，一般平均照射剂量在300J/m²以上。紫外线照射后细菌有可能出现光复活现象，则降低了杀菌效果。

4. 酒精消毒

70%～75%的酒精用于灭菌消毒；95%的酒精用作燃料而不能用于灭菌消毒。

酒精消毒的作用是凝固细菌体内的蛋白质，从而杀死细菌。95%的酒精能将细菌表面包膜的蛋白质迅速凝固，并形成一层保护膜，阻止酒精进入细菌体内，因而不能将细菌彻底杀死。如果酒精浓度低于70%，虽可进入细菌体内，但不能将其体内的蛋白质凝固，同样也不能将细菌彻底杀死。只有70%～75%的酒精既能顺利地进入到细菌体内，又能有效地将细菌体内的蛋白质凝固，因而可彻底杀死细菌。

三、试剂与器材

培养皿、试管、吸管、电烘箱、高压灭菌锅、黑纸、紫外灯等。

四、实验方法

（一）干热灭菌

1. 装入待灭菌物品

将包好的待灭菌物品（培养皿、试管、吸管等）放入电烘箱内，关好箱门。物品不要摆放太挤，以免妨碍空气流通。灭菌物品不要接触电烘箱内壁的铁板，以防包装纸烤焦起火。

2. 设定温度、升温

通过数显板设定温度为160～170℃，之后开始升温。

3. 恒温

当温度升到160～170℃时，开始计时，持续温度1～2h。

4. 降温

切断电源，自然降温。

5. 开箱取物

待电烘箱内温度降到70℃以下后，打开箱门，取出灭菌物品。电烘箱内温度未降到70℃以前，切勿自行打开箱门，以免骤然降温导致玻璃器皿炸裂。

（二）湿热灭菌

① 检查高压灭菌锅水位，添加蒸馏水；

② 放入待灭菌的物品；

③ 加盖；

④ 设定程序，121℃，15～30min，灭菌；

⑤ 降温、降压，直到降为"0"；

⑥ 取出灭好菌的物品；

⑦ 无菌检验。

灭菌培养基放入37℃恒温培养箱中培养24h，检验有无杂菌生长。

（三）紫外杀菌

① 使用前用75%的酒精棉球擦拭工作台面，进行表面消毒；

② 打开紫外线杀菌灯，拉下玻璃挡板，玻璃挡板外用黑纸遮挡，持续照射30min；

③ 关闭紫外线杀菌灯，5～10min后开始工作。

注意事项：因紫外线对眼结膜及视神经有损伤作用，对皮肤有刺激作用，故不能直视紫外线，更不能在紫外线灯光下工作。

五、思考题

① 为什么干热灭菌比湿热灭菌所需要的温度高，时间长？

② 高压蒸汽灭菌开始之前，为什么要将锅内的冷空气排尽？灭菌完毕后，为什么待压力降为"0"时才能打开排气阀，开盖取物？

③ 黑曲霉的孢子与芽孢杆菌的芽孢对热的抗性哪个更强？为什么？

④ 紫外灯管是用什么玻璃制作的？为什么不用普通玻璃？

⑤ 为什么干热空气灭菌比湿热灭菌所需温度高、时间长？

第二章 ▶▶

微生物纯种分离技术

实验六 土壤中微生物的分离培养

一、实验目的

① 掌握活菌计数的基本原理及方法；
② 掌握从样品中分离目的微生物的原理及方法。

二、实验原理

土壤是微生物生活的大本营，是寻找和发现有重要应用潜力的微生物的主要菌源。不同土样中各类微生物数量不同，一般土壤中细菌数量最多，其次为放线菌和霉菌。一般在较干燥、偏碱性、有机质丰富的土壤中放线菌数量较多。本实验从土壤中分离细菌、放线菌和霉菌。

为了分离和确保获得某种微生物的单菌落，首先要考虑制备不同稀释度的菌悬液。各类菌的稀释度因菌源、采集样品的季节、气温条件而异。其次，应考虑各类微生物的不同特性，避免样品中各类微生物相互干扰。细菌或放线菌在中性或微碱性环境中较多，但细菌比放线菌生长快，分离放线菌时，一般在制备土壤稀释液时添加 10% 苯酚或在分离培养基中加相应的抗生素以抑制细菌和霉菌。

将微生物细胞充分稀释到单个分散的状态，把这些单个分散的细胞均匀涂布在平皿培养基上，培养后长出的菌落肉眼可见，每个菌落都由原液中单个细胞发育而来，计算菌落数，通过公式可以求出单位原样品中的活菌数：

$$每毫升（克）样品中的活菌数 = \frac{每皿菌落数平均值}{取样体积} \times 稀释倍数$$

三、试剂与器材

1. 菌源

选定采土地点后，铲去表层 $2 \sim 3cm$，取 $3 \sim 10cm$ 深层土壤 $10g$。

2. 培养基

牛肉膏蛋白胨培养基、马丁氏培养基、高氏 I 号培养基。

3. 其他试剂与用品

超净工作台、恒温培养箱、无菌水、培养皿、移液管、锥形瓶、试管、试管架玻璃涂棒、1% 重铬酸钾等。

四、实验方法

1. 制备土壤稀释液

称取土样 $1g$，加入盛有 $99mL$ 无菌水的锥形瓶中，振荡 $10min$，使土壤中菌体、芽孢或孢子均匀分散，制成 10^{-2} 稀释度的土壤稀释液。然后按 10 倍稀释法进行稀释分离，以制备 10^{-6} 稀释度为例，具体操作过程如下：取 $9mL$ 无菌水试管 4 支，按 10^{-3}、10^{-4}……10^{-6} 顺序编号，放置在试管架上。取移液管一支，准确吸取 $1mL$ 10^{-2} 土壤稀释液，放于 10^{-3} 编号的试管内，充分混匀，此为 10^{-3} 稀释度的土壤稀释液，依次操作，制成 10^{-4}、10^{-5}、10^{-6} 的土壤稀释液（见图 6-1）。

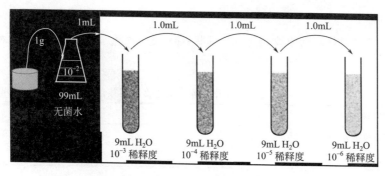

图 6-1 土样梯度稀释示意图

2. 微生物分离培养

（1）涂布法 用无菌移液管分别吸取上述 10^{-6}、10^{-5}、10^{-4} 三个

稀释度菌悬液 0.1mL，依次加入对应编号已经准备好的平板上。右手持无菌玻璃涂棒，左手拿培养皿，并用拇指将皿盖打开一缝，在火焰旁右手持玻璃涂棒将菌液自平板中央均匀向四周涂布扩散，切忌用力过猛将菌液直接推向平板边缘或将培养基划破。每个稀释度涂三个平板。其中分离细菌用牛肉膏蛋白胨培养基；放线菌用马丁氏培养基；霉菌用高氏I号培养基。

（2）混合培养法　取 10^{-6}、10^{-5}、10^{-4} 稀释液 $0.1\sim0.2$mL，放至培养皿中，立即倒入冷却至45℃左右的培养基（覆盖住皿底），并摇匀，使微生物均匀分布，混匀后待凝。每个稀释度倒三个平板。

3. 恒温培养

将平板置于合适温度的恒温培养箱中培养24h后观察结果，其中细菌最佳培养温度为37℃，放线菌最佳培养温度为28℃，霉菌最佳培养温度为30℃。

【注意事项】

① 严格作好标记，勿混淆。

② 涂布前要充分将试管中稀释液混匀。

③ 混合涂布时培养基温度勿超50℃，加入稀释液后立即摇匀。

五、结果与分析

计算每毫升土壤中微生物活菌数量，将结果填入表 6-1。计算公式：

每毫升样品活菌数量（cfu）＝同一稀释度三次重复的平均菌落数×稀释倍数×10

表 6-1　每毫升土壤中微生物活菌数量

稀释梯度	10^{-4}			10^{-5}			10^{-6}		
每皿菌落数									
活菌数/mL									

注意：

① 选择平板菌落分散较好，长有 $30\sim300$ 个菌落的稀释梯度进行计数较为合适。

② 涂布量以 0.1mL 为宜，太少不易涂开，太多涂布较慢且不易形成单菌落。

六、思考题

① 稀释分离时，为何要将熔化的培养基冷却到 50℃左右，才倒入装有菌液的培养皿内？

② 在恒温培养箱中培养微生物时为什么培养皿须倒置？

实验七 水中细菌总菌落数的测定

一、实验目的

① 了解细菌总数指标的意义；

② 掌握稀释平板法的操作方法；

③ 掌握细菌菌落总数的计数方法。

二、实验原理

细菌种类很多，有各自的生理特性，必须用适合它们生长的培养基才能将它们培养出来。但在实际工作中不易做到，通常用一种适合大多数细菌生长的培养基培养腐生性细菌，以培养基内菌落总数表明有机物污染程度。

活性污泥菌含量（细菌总数）是微生物指标，是许多行业运行管理的重要参数之一。在给水工程中，细菌总数在一定程度上反映了微生物污染程度。在污水处理过程中，污泥混合菌浓度及进出水的细菌总数直接反映了活性污泥菌活性的好坏和水质的变化情况。在实际测定中，通常用适合大多数异养细菌生长的营养琼脂培养基进行培养，以 24h、37℃恒温培养产生的菌落总数进行计算。

三、试剂与器材

① 培养皿（Φ90mm）5 套（已灭菌）；

② 试管（15×150mm）5 支（已灭菌）、试管架；

③ 移液管、移液枪、枪头（已灭菌）；

④ 锥形瓶（250mL）1 个（已灭菌）；

⑤ 牛肉膏蛋白胨培养基 1 瓶（已灭菌）；

⑥ 无菌水（200mL）1 瓶；

⑦ 酒精灯。

四、实验方法

1. 水样采取

供细菌学检验用的水样，必须按一般无菌操作的基本要求进行采样，并保证在运送、贮存过程中不受污染。为了准确反映水质在采样时的真实情况，水样在采取后应立即送检；一般从取样到检验不应超过4h。条件不允许立即检验时，应存于冰箱，但也不应超过24h，并应在检验报告单上注明。

（1）自来水　先将自来水龙头用火焰烧灼 3min 灭菌，然后开放水龙头使水流 5min，以排除管道内积存的死水，再用无菌容器接取水样，以待分析。如水样内含有余氯，则采样瓶未灭菌前按每采 500mL 水样加 3% 硫代硫酸钠（$Na_2S_2O_3 \cdot 5H_2O$）溶液 1mL 的量预先加入采样瓶内，用以采样后中和水样内的余氯，以防止其继续存在有杀菌作用。

（2）待检水样的采集方法　可应用采样器，器内的采样瓶应先灭菌。采水样时，直接将水灌入已灭菌的采样瓶，不须再用样水洗采样瓶。采样后，采样瓶内的水面与瓶塞底部间应留有一些空隙，以便在检验时可充分摇动混匀水样。

2. 水中细菌总数的测定

（1）梯度稀释法　将 1 瓶 90mL 和 5 管 9mL 的无菌水排列好，按 10^{-1}、10^{-2}、10^{-3}、10^{-4}、10^{-5}、10^{-6} 依次编号，在无菌操作条件下，用 10mL 的无菌移液管吸取 10mL 水样置于第一瓶 90mL 无菌水（内含玻璃珠）中，用移液管吹洗 3 次，用手摇 10min 将颗粒状样品打散，即为稀释度 10^{-1} 的菌液。用 1mL 的无菌移液管吸取 1mL 稀释度 10^{-1} 的菌液于 9mL 无菌水中，用移液管吹洗 3 次，摇匀即为稀释度 10^{-2} 的菌液。同样方法，将菌液依次稀释到 10^{-6}（见图 7-1）。

注：视水体污染程度定稀释倍数，取在平板上能长出 30～300 个菌

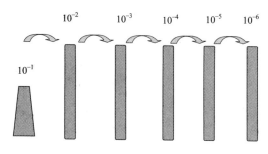

图 7-1　水样梯度稀释示意图

落的水样稀释倍数。

（2）接种法　用无菌移液枪吸取 3 个适宜浓度的稀释液 1mL 加入无菌培养皿内，并倾注约 15mL 已熔化且冷却至 45℃ 左右的营养琼脂培养基，立即旋摇培养皿（顺时针或逆时针），使菌液和培养基充分混匀，冷凝后即成平板，翻转培养皿，使底面朝上，置于 37℃ 恒温培养箱中培养。

3. 培养

待培养基冷却凝固后，翻转培养皿，使底面向上，置于 37℃ 恒温箱内培养 24h，进行菌落计数，即为 1mL 水中的细菌总数。

4. 计菌落数

先计算同一稀释度的平均菌落数，若其中一个培养皿有较大片状菌落生长时，则不予采用，而应以无片状菌落生长的培养皿作为该稀释度的平均菌落数。若片状菌落不到培养皿的一半，而其余一半中菌落数分布又很均匀，则可将此半皿计数后乘以 2，代表全皿菌落数，然后再计算该稀释度的平均菌落数（见图 7-2）。

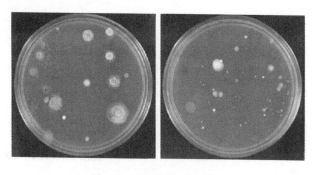

图 7-2　平板菌落形成情况

五、结果与分析

用肉眼观察，计平板上的细菌菌落数，也可用菌落计数器计数，记下同一浓度的三个平板的菌落总数，计算平均值，再乘以稀释倍数得出1mL水样中细菌菌落总数。各种不同情况的计算方法如下：

① 首先选择平均菌落数在30～300之间者进行计算，当只有一个稀释度的平均菌落符合此范围时，则以该平均菌落数乘以其稀释倍数报告之（表7-1例1）。

② 若有两个稀释度的平均菌落均在30～300之间，则按两者之菌落总数的比值来决定，若其比值小于2，则报告两者的平均数；若其比值大于2，则报告其中较小的菌落总数（表7-1例2及例3）。

③ 若所有稀释度的平均菌落数均大于300，则应按稀释度最高的平均菌落数乘以稀释倍数报告之（表7-1例4）。

④ 若所有稀释度的平均菌落数均小于30，则应按稀释度最低的平均菌落数乘以稀释倍数报告之（表7-1例5）。

⑤ 若所有稀释度的平均菌落数均不在30～300之间，则以最接近300或30的平均菌落数乘以稀释倍数报告之（表7-1例6）。

⑥ 在求同稀释度的平均数时，若其中一个平板上有较大片状菌落生长时，则不宜采用，而应以无片状菌落生长的平板作为该稀释度的平均菌落数。若片状菌落约为平板的一半，而另一半平板上菌落数分布很均匀，则可按半平板上的菌落计数，然后乘以2作为整个平板的菌落数。

⑦ 菌落计数的报告，菌落数在100以内时按实有数报告，大于100时，采用二位有效数字，在二位有效数字后面的位数，以四舍五入方法计算。为缩短数字后面的零数，可用10的指数来表示（表7-1报告方式栏）。在报告菌落数为"无法计算"时，应注明水样的稀释倍数。

表 7-1　稀释度选择及菌落总数报告方式

例次	不同稀释度的平均菌落数			两个稀释度菌落数之比	菌落总数/(cfu/mL)	报告方式/(cfu/mL)
	10^{-1}	10^{-2}	10^{-3}			
1	1365	164	20	—	16400	1.6×10^4
2	2760	295	46	1.6	37750	3.8×10^4
3	2890	271	60	2.2	27100	2.7×10^4

续表

例次	不同稀释度的平均菌落数			两个稀释度菌落数之比	菌落总数 /(cfu/mL)	报告方式 /(cfu/mL)
	10^{-1}	10^{-2}	10^{-3}			
4	无法计算	4650	513	—	513000	5.1×10^5
5	27	11	5	—	270	2.7×10^2
6	无法计算	305	12	—	30500	3.1×10^4

计算每毫升水中微生物活菌数量，将结果填入表 7-2。计算公式：

活菌数量（cfu）＝同一稀释度三次重复的平均菌落数×稀释倍数×10

表 7-2   每毫升水中微生物活菌数量

稀释梯度	10^{-5}		10^{-6}		10^{-5}	
每皿菌落数						

六、思考题

① 测定水中细菌总数有什么实际意义？
② 若平板中一个菌落也没有，试分析原因。
③ 用这种方法是否测得全部水中细菌？为什么？
④ 根据我国饮用水水质标准，讨论这次的检验结果。

实验八   解磷菌和聚磷菌的筛选

一、实验目的

① 掌握解磷菌的分离培养以及蓝白斑分离聚磷菌的方法；
② 分离筛选具有解磷、聚磷功能的细菌菌株；
③ 了解筛选培养基在分离解磷菌、聚磷菌中的作用。

二、实验原理

解磷菌（phosphate-solubilizing bacteria，PSB）是分解有机磷化合物和溶解无机磷化物的细菌的总称。土壤中解磷菌能够通过分泌酸性物质溶解盐碱地中不溶性磷酸钙 $[Ca_3(PO_4)_2]$，增加土壤中有效磷的含量，提高植物对磷的吸收利用，对土地改良和作物种植具有积极影响。

通常测定解磷菌解磷能力的方法有两种：一是将解磷菌在含有难溶性磷酸盐的固体培养基上，通过菌株在生长过程中产生的透明圈大小判断解磷能力大小，一般来讲，透明圈直径与菌株解磷能力呈正相关，透明圈越大，表明细菌的解磷能力越强；二是进行液体培养，测定培养液中溶解性磷酸盐的含量变化，分析细菌的解磷能力。本实验通过比较无机磷筛选培养基解磷圈的大小达到筛选解磷菌的目的。

污水生物除磷是利用聚磷菌（polyphosphate accumulating organism，PAO）的超量磷吸收现象，通过聚磷菌以不溶性的聚磷酸盐的形式将溶解性的正磷酸盐过量储存于体内，通过排放含磷量很高的剩余污泥来实现有效除磷。生物除磷的影响因素很多，碳源的种类、pH 值、进水中 COD/TP（化学需氧量/总磷）的比率、温度、污泥停留时间、好氧段曝气的强度以及钙、镁、钾等微量元素的变化，均能影响生物除磷系统的除磷性能。

聚磷菌一般通过蓝白斑实验进行初筛，该法仅用来检测所选的菌株是否含有多聚磷酸激酶，而菌株的聚磷能力还与厌氧条件下合成 PHB 能力和好氧培养合成 poly-P 能力及菌体含磷量有关。在筛选聚磷菌时有必要通过厌氧好氧培养来检测 PHB 和 poly-P 合成情况及通过测定菌体含磷量来进一步确定所选菌株。

三、试剂与器材

1. 菌源

园土或草坪根际土壤；河流、湖泊、海水等底泥。

2. 培养基

无机磷培养基、牛肉膏蛋白胨培养基、LB 培养基、蓝白斑培养基。

3. 试剂

（1）PHB 的染色剂　甲液（0.3% 的苏丹黑）：苏丹黑 B 0.3g，70% 乙醇 100mL 混合后，用力振荡，放置过夜备用。乙液（0.5% 番红水溶液）：番红 0.5g 溶于 100mL 水中。

（2）poly-P 的染色剂　甲液：甲苯胺蓝 0.15g，孔雀绿 0.2g，冰醋酸 1mL，乙醇（95%）2mL，蒸馏水 100mL。乙液：碘 2g，KI 3g，蒸馏水 300mL。

（3）其他　NH_4Cl、H_2SO_4、$MgSO_4 \cdot 7H_2O$、NaCl、$K_2Cr_2O_7$、

L-抗坏血酸、钼酸铵、乙酸钠等。

另外，还需无菌生理盐水、无菌培养皿、接种环、酒精灯、超净工作台、恒温培养箱。

四、实验方法

(一) 土壤中解磷细菌的分离

1. 无机磷液体培养基、固体培养基制作

Pikovaskaias (PKO) 无机磷培养基是常见的解磷细菌的培养基，其配方为：葡萄糖 10g、$MgSO_4 \cdot 7H_2O$ 0.03g、NaCl 0.3g、$MnSO_4 \cdot 4H_2O$ 0.01g、KCl 0.3g、$(NH_4)_2SO_4$ 0.5g、$FeSO_4 \cdot 7H_2O$ 0.03g、$Ca_3(PO_4)_2$ 5g、琼脂 18g、水 1000mL，pH 值 7.0～7.5。液体培养基不加琼脂，装入锥形瓶进行高压灭菌。

2. 土样采集及解磷菌富集

采集土样后，置无菌采样器内保存，准确称取样品 1g，放入装有无机磷液体培养基的锥形瓶中，进行富集培养。培养温度 28℃，转速 150r/min，连续培养 36h 后，取菌液进行浓度梯度稀释，根据需要选择稀释度 $10^{-6} \sim 10^{-8}$，备用。盐碱地可适当降低稀释度，可选择 $10^{-4} \sim 10^{-6}$。

3. 涂布培养

将无机磷固体培养基熔化，制作平板，待平板凝固后，取 $10^{-6} \sim 10^{-8}$ 稀释液各 0.2mL，放至培养皿中，采用涂布平板法进行涂布培养。

4. 倒置培养

涂布后的平板，标记日期、浓度及采样地，倒置于 28℃ 恒温箱中，培养 5～7d，观察是否有解磷圈出现，挑取有解磷圈出现的单菌落进行培养。

5. 菌种纯化

对出现解磷圈的细菌，进行菌种纯化。解磷圈直径（D）和菌落生长直径（d）的比值（D/d）是表征解磷菌相对解磷能力的一个指标，将筛选到的具有解磷特性的单菌落接种到无机磷固体培养基上 [见图 8-1(a)]；经过一段时间的培养，观察解磷圈大小 [见图 8-1(b)]，计算 D/d 比值，判断解磷菌相对解磷能力的大小。将解磷能力强的单菌落

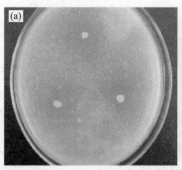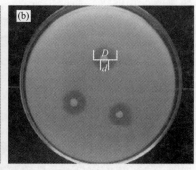

图 8-1　解磷菌溶磷实验

（a）贴滤纸片（滤纸片已接入等量待测菌）；（b）观察记录解磷圈的大小（D/d）

转入固体斜面进行保存，用于进一步研究。

（二）河流、湖泊、海水等底泥中聚磷菌的筛选

1. 样品的采集与处理

将采集的河流、湖泊、海水等底泥放入无菌袋带回实验室，然后在无菌条件下称取 5g 底泥置于装有玻璃珠的 50mL 无菌水锥形瓶中，摇动锥形瓶，将污泥打碎后，用已灭菌枪头吸取 1mL 样品液体，装入盛有 100mL LB 培养基的锥形瓶，于 2℃ 条件下，在 200r/min 的摇床上振荡富集培养 5d。

2. 菌种的分离与纯化

将富集培养好的样品通过 10 倍稀释法制成浓度梯度为 $10^{-2} \sim 10^{-7}$ 的菌悬液，并涂布 LB 固体培养基平板，培养一段时间后挑取形态不同的单菌落，纯化后转接到 LB 斜面培养基上，编号后于 20℃ 恒温培养箱内培养 2d，放于 4℃ 冰箱保藏备用。

3. 蓝白斑初筛法

（1）蓝白斑培养基制备

① 各取 50mL 葡萄糖-MOPS 培养基置于两个 500mL 的锥形瓶中，向一个锥形瓶中加入 0.0087g K_2HPO_4 和 X-P（5-溴-4-氯-3-吲哚基磷酸盐）（50μg/mL）成为限磷培养基；向另一个瓶中加入 0.1732g K_2HPO_4 和 X-P（50μg/mL）成为磷过量的培养基；向两种培养基中均加入维生素 B 溶液 0.1mL 和无菌水 150mL，分别用细菌滤器过滤灭菌，分装于已灭菌的 250mL 的锥形瓶中。

② 取 500mL 的锥形瓶 2 个，分别加入去离子水 300mL 和琼脂 10g，在 121℃下灭菌 30min，冷却至 50℃以下，然后将过滤灭菌好的葡萄糖-MOPS 培养基倒入，摇匀倒平板。

（2）筛选　将上述分离获得的菌株分别接种于限磷和磷过量的葡萄糖-MOPS 培养基中，置于 20℃恒温培养箱中培养 1～2d。观测蓝白斑的生长情况，选取同时在两种培养基上都产生蓝斑的菌落为初选聚磷菌。

4. 合成废水的制备与灭菌

葡萄糖 0.3g、K_2HPO_4 0.05g、蛋白胨 0.1g、$MgSO_4 \cdot 7H_2O$ 0.15g、酵母粉 0.01g、NH_4Cl 0.18g、CH_3COONa 0.15g、NaCl 10g、水 1000mL，121℃灭菌 20min。

5. 聚磷菌的复筛

（1）菌体厌氧培养后 PHB 的鉴定　将在限磷和磷过量的葡萄糖-MOPS 培养基上都产生蓝斑的菌株接种到废水合成培养基上，厌氧培养 24h，挑取细菌，按常规制成涂片。

PHB 染色采用苏丹黑染色法，用甲液染色 10min，用水冲洗甲液，用滤纸将水吸干，用二甲苯冲洗涂片至无色素洗脱，再用乙液复染 1～2min，水洗，吸干，油镜镜检。其中类脂粒呈蓝黑色，菌体呈红色，染色阳性菌为备选菌株。

（2）菌体好氧培养后 poly-P 的鉴定　采用 Albert 染色法，将初选菌株接种到废水合成培养基上连续好氧培养 24h，挑取细菌，按常规方法制片，用甲液染色 5min，倾去甲液，用乙液冲洗去甲液，并染色 1min，水洗，吸干，油镜镜检。异染粒呈黑色，菌体其他部分呈绿色，具有异染粒的菌株作为备选菌株。

（3）菌体含磷量的测定　将具有类脂粒和异染粒的初选菌株分别接种于含有 5mL 废水合成培养基的试管中，20℃厌氧培养 6h，以 10000r/min 离心 10min，收集菌体，转接到两个装有 100mL 培养液的锥形瓶中，在 20℃条件下，200r/min 振荡培养 24h，测定菌体的含磷量。菌体含磷量在 9%以上作为备选菌。

（4）培养液中磷的去除率的测定　将具有类脂粒和异染粒的初选菌株接入废水合成培养基中，在 20℃条件下，于 200r/min 摇床中培养 24h，然后取菌液 10～50mL，经 10000r/min 离心 10min，按总磷测定法测定上清液的磷含量，并与未接菌的培养液的总磷值对照，按以下公式计算磷的去除率：

$$磷去除率（\%）=\frac{A_{TP}-B_{TP}}{A_{TP}}\times100\%$$

式中，A_{TP}为未接菌的培养液的总磷；B_{TP}为接种菌的培养液的总磷。磷去除率达 85% 以上的作为备选菌株。

【注意事项】

① 进行平板接种时，涂布平板法每换一个平板涂布均须换一个灭过菌的涂布棒，避免交叉感染。

② 细菌分离纯化操作时，用接种环挑取菌落时，应避免其接触其他菌落，只须在菌落表面中央位置挑取一点即可。

③ 通过解磷圈只能进行定性研究，若要了解解磷能力大小，需要做液体培养，测定发酵液中有效磷的含量。

④ 实验过程中，注意纯种保存。

五、结果与分析

记录并保存筛选到的高效解磷菌及聚磷菌。

六、思考题

① 采用 PKO 培养基，解磷细菌为什么会形成解磷圈？

② 该实验结果显示没有解磷圈的细菌是否可认定为无解磷能力？为什么？

③ 聚磷菌在污水处理中的作用有哪些？有何发展前景？

实验九　双孢蘑菇培养料中纤维素降解菌的分离与纯化

一、实验目的

① 掌握纤维素降解菌筛选的原理；

② 学习利用平板划线法分离获得纯菌种。

二、实验原理

纤维素是葡萄糖残基以 β-1,4-糖苷键连接而形成的线性葡聚糖，是一种广泛存在于植物中的骨架多糖，是地球上最大的可再生资源，是自然界中分布最广、含量最多的一种复杂的多糖。纤维素经纤维素降解菌降解后，转化得到的小分子多糖可以进一步发酵生成乙醇等生物燃料，从而减轻化石燃料对环境的负面影响，对维持生态平衡也有着重要的意义。

当在含有纤维素的培养基中加入刚果红时，刚果红能与培养基中的纤维素形成红色复合物。当纤维素被纤维素酶分解后，刚果红-纤维素的复合物就无法形成，培养基中就会出现以纤维素分解菌为中心的透明圈，这样就可以通过是否产生透明圈来筛选纤维素分解菌。

利用微生物分解转化纤维素类物质可以将其变为饲料、栽培基质、有机肥料、化工原料等。纤维素酶是纤维素降解过程中的重要酶类物质，包括 3 类可溶性胞外酶：1,4-β-内切葡聚糖酶，1,4-β-外切葡聚糖酶和 β-葡萄糖苷酶。许多微生物包括细菌、真菌和放线菌都有产纤维素酶的能力。自然界中具有纤维素分解能力的菌株很多，例如：梭状芽孢杆菌、球毛壳菌、木霉、曲霉、担子菌、虫拟蜡菌、木腐菌和青霉菌等，可自土样或腐烂的植物茎秆上进行筛选，亦可从食用纤维素的动物粪便中进行取样。但目前获得的菌株其纤维素酶活力普遍较低，即使酶活力很高的菌株继代培养后表现出退化或不稳定现象，这些因素一直是阻碍纤维素酶大规模生产应用的瓶颈问题。筛选高效纤维素酶活力的菌株仍然是人们努力的目标。

三、试剂与器材

1. 培养基及试剂

① 富集培养基：KH_2PO_4 2g、$(NH_4)_2SO_4$ 1.4g、$MgSO_4 \cdot 7H_2O$ 0.3g、$CaCl_2$ 0.3g、$FeSO_4 \cdot 7H_2O$ 0.005g、CMC-Na 5g、葡萄糖 2.5g、蛋白胨 1g、蒸馏水 1000mL。

② 筛选培养基（羧甲基纤维素钠平板培养基）：CMC-Na 5g、KCl 0.5g、$FeSO_4 \cdot 7H_2O$ 5g、KH_2PO_4 0.5g、$MgSO_4 \cdot 7H_2O$ 0.3g、$NaNO_3$ 3g、琼脂 18g、蛋白胨 1g、蒸馏水 1000mL。

③ 滤纸平板培养基（赫奇逊无机盐培养基）：KH_2PO_4 1.0g、$MgSO_4 \cdot 7H_2O$ 0.3g、$FeCl_3$ 0.01g、$CaCl_2$ 0.1g、$NaCl$ 0.1g、$NaNO_3$ 2.5g、琼脂18g、滤纸条10g、蒸馏水1000mL、无菌滤纸，自然 pH。

④ 保藏培养基：牛肉膏蛋白胨培养基。

2. 样品采集

发酵好的双孢蘑菇培养料，置4℃冰箱中保存。

3. 仪器及其他

摇床、培养箱、培养皿、锥形瓶、移液管及记号笔、1mol/L 的 NaCl、1mg/mL 的刚果红染液、无淀粉滤纸条。

四、实验方法

1. 富集培养

将50mL富集培养基分装于250mL锥形瓶中加压灭菌备用。取样品1g置于锥形瓶中，28℃、200r/min振荡培养48h。

2. 筛选培养基平板制作

将筛选培养基倒入无菌平皿内制成平板。

3. 稀释液制备

将富集后的培养液按 10^{-1}、10^{-2}、10^{-3}、10^{-4}、10^{-5} 做梯度稀释。

4. 涂布平板法分离目的菌

取稀释倍数最大的3个稀释菌液涂布在筛选培养基上，待菌落长出后，用1mg/mL的刚果红染液染色15min，再用1mol/L的 NaCl 脱色25min，测量水解圈直径 D 和菌落直径 d（见图9-1），计算水解能力，最后根据透明圈的大小选取高产酶菌株，并对选取的菌落形态特征进行

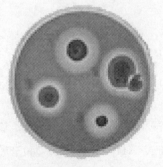

图9-1　纤维素降解菌在刚果红培养基上形成的透明圈

描述。

5. 平板划线法纯化菌株

挑选透明圈较大的纤维素降解菌进行平板划线，28℃倒置培养，直到获得单菌落为止。

6. 保藏

将上述单菌落接入牛肉膏蛋白胨培养基斜面培养，同时进行编号，48h后待筛选菌株生长后放入4℃冰箱保藏。

7. 纤维素降解菌株的验证

（1）赫奇逊培养基平板的制作　将溶化的培养基倒入培养皿内，凝固后在琼脂平板表面放置一张无淀粉滤纸（滤纸用1％醋酸浸泡24h，碘检测无淀粉后用2％苏打水冲洗至中性，晾干），用刮刀涂抹滤纸表面使其紧贴培养基表面。

（2）接种培养　将前期分离获得的目的菌活化后发酵培养，按3％接种量接种入上述培养平板上。将培养皿置于恒温箱中连续培养30d，观察滤纸上有无微生物生长和滤纸是否被分解，确保纤维素降解菌株的筛选阳性率。

【注意事项】

目的菌株注意不要混合杂菌，做好保种。

五、结果与分析

① 将观察结果填入表9-1、表9-2。

表 9-1　菌落培养特征描述

菌　　　种	菌落特征

表 9-2　纤维素分解菌株的 CMC-Na 分解能力测定

菌种	D	d	D/d

注：D—水解圈直径；d—菌落直径。

② 根据实验结果分析筛选的纤维素分解菌分解能力。

六、思考题

① 为什么选择培养能够"浓缩"所需的微生物？

② 如何判断培养基的制作是否合格以及选择培养基是否筛选出目的菌落？

③ 为什么滤纸平板培养基可以作为筛选纤维素降解菌株的方法？

实验十 苯酚生物降解菌的筛选

一、实验目的

① 掌握微生物分离纯化的基本操作；

② 掌握用选择性培养基从土壤中分离苯酚生物降解菌的原理和方法。

二、实验原理

苯酚是一种在自然条件下难降解的有机物，其长期残留于空气、水体、土壤中，会造成严重的环境污染，对人体、动物有较高毒性。因此，采用一定的方式降解苯酚，对保护人类健康、消除环境污染意义重大。在提倡绿色环保的大前提下，采用生物降解的途径势在必行。

微生物对污染物质的代谢、转化及降解作用，是当今环境污染研究中最活跃的领域之一。自然界中能降解烃类的微生物有几百种，多为细菌、放线菌和真菌，降解是由它们所产生的酶和酶系统完成的，一般直链化合物比支链化合物、饱和化合物比非饱和化合物、脂肪烃比芳香烃容易被较多种类的微生物降解和同化。直链烃的降解是末端甲基被氧化形成醇、醛后再生成脂肪酸，由脂肪酸形成乙酸，最后氧化成二氧化碳和水，微生物对单环芳烃及其衍生物的降解与直链烃类似，能降解苯酚的微生物种类很多，包括细菌中的很多属、放线菌等。

　　苯酚是芳香烃化合物，是常用的表面消毒剂之一。其是 TCA（三羧酸）循环的抑制剂。现已发现某些假单胞菌、争论产碱菌、真养产碱菌含有芳香烃的降解质粒，将其降解生成琥珀酸、草酰乙酸、乙酰CoA，进入 TCA 循环。

　　在苯酚浓度梯度培养基平板高含药区上分离出的菌落，对苯酚具有较好的耐受性，可能具有分解苯酚的能力；然后将其在以苯酚为唯一碳源的培养基里进行摇床培养，淘汰掉不能利用苯酚的菌株，可筛选到苯酚降解菌；再用不同浓度的苯酚药物培养基分离，可筛选出耐受能力好，降解程度高的苯酚降解菌。

三、试剂与器材

1. 菌株来源

实验土样采自校园肥沃土。

2. 培养基

（1）牛肉膏蛋白胨培养基　牛肉膏 3g，蛋白胨 10g，NaCl 5g，琼脂 15～20g，水 1000mL，pH 7.0～7.5。

（2）药物培养基　将一定量苯酚加入牛肉膏蛋白胨培养基中制成。

（3）苯酚浓度梯度平板　在无菌培养皿中，先倒入 7～10mL 含 0.1g/L 苯酚的牛肉膏蛋白胨培养基，将培养皿一侧置于木条上，使培养皿中培养基倾斜成斜面，且刚好完全盖住培养皿底部；待培养基凝固后，将培养皿放平，再倒入 7～10mL 牛肉膏蛋白胨培养基。

（4）以苯酚为单碳源的液体培养基　NH_4Cl 1.0g，K_2HPO_4 0.6g，KH_2PO_4 0.4g，$MgSO_4$ 0.06g，$FeSO_4$ 3mg，苯酚按设计量添加，水 1000mL，pH 7.0～7.5。

3. 器材

试管、250mL 锥形瓶、1mL 移液管、吸耳球、无菌涂棒、量筒、天平、灭菌锅、培养箱、酒精灯、接种环、棉花、棉线、牛皮纸。

四、实验方法

1. 苯酚耐受菌株的初选

（1）浓度梯度培养基平板制备　按培养基（3）的方法制成苯酚浓

度梯度平板。

（2）样品菌悬液制备　将采集的土样溶解于无菌水中，摇匀，作适度稀释，备用。

（3）平板涂布　用 1mL 移液管分别从各菌悬液试管中取菌悬液 0.2mL 于苯酚浓度梯度平板上，用无菌涂棒涂布均匀。

（4）培养　恒温培养箱 30℃ 培养 1～2 天。

（5）挑取菌落　由于在培养基平板中，药物浓度呈由低到高的梯度方式分布，平板上长成的菌落也呈现由密到稀的梯度分布，而高浓度药物区生长的少数菌落一般具有较强的耐药性。挑取高含药区的单个菌落于牛肉膏蛋白胨培养基斜面上划线。

（6）培养、保藏　将接种后的斜面于恒温培养箱中 30℃ 培养 1～2 天，编号，4℃ 冰箱保藏。

2. 以苯酚为单碳源的菌株的筛选

（1）单碳源培养基配制　按培养基（4）的配方，用 250mL 锥形瓶，每瓶装 50mL，制成以苯酚为单碳源的液体摇瓶。

（2）苯酚的浓度设定　苯酚的浓度分别按 0.2g/L、0.4g/L、0.6g/L、0.8g/L、1.0g/L、1.2g/L 六个浓度梯度配制。

（3）平行样　每菌株、每药物浓度各配制平行样两瓶。

（4）灭菌　121℃，20min。

（5）接种　将初选的苯酚耐受性菌株，分别用少许无菌水稀释，接种于对应摇瓶中。

（6）培养　八层纱布盖口，回旋式摇床，30℃，100r/min 培养 2 天。

（7）检测　用分光光度计测定 OD 值，以空白培养基作对照，检测各摇瓶菌体浓度。

（8）筛选　淘汰掉不能利用苯酚为碳源的菌株。菌体浓度高的为生长较好者，即能以苯酚为单碳源的菌株，可进行下一步实验。

3. 高耐受性苯酚降解菌的筛选

（1）药物培养基平板的配制　按不同浓度（0.2g/L、0.4g/L、0.6g/L、0.8g/L、1.0g/L、1.2g/L）苯酚配制药物培养基平板。

（2）灭菌、倒平板　121℃ 灭菌 20min，倒平板，各菌株、各浓度配制两个。

（3）菌悬液制备 将初选的培养液作适度稀释，或将保藏的经单碳源实验的菌株用无菌水制成菌悬液。

（4）涂平板 用 1mL 移液管分别从各菌悬液试管中取菌悬液 0.2mL 涂布于药物培养基平板上，每一试管菌悬液涂布一组不同浓度的苯酚药物培养基平板，每一浓度设平板两个，六组共计 12 个。

（5）培养 恒温培养箱 30℃培养 1～2 天。

（6）筛选 观察、记录并挑选高浓度药物培养基平板上生长旺盛的菌落，此即高耐受性苯酚降解菌，接种于牛肉膏蛋白胨培养基斜面。

（7）保藏 编号，4℃冰箱保藏。

五、结果与分析

将结果列于表 10-1～表 10-3。

表 10-1　苯酚耐受菌株的初选结果

平板编号	1	2	3	4	5	6	7	8
药物浓度/(g/L)	0.1	0.1	0.1	0.1	0.1	0.1	0.1	0.1
高药区单菌落数								

表 10-2　以苯酚为单碳源的菌株的筛选结果（生长情况 OD 值）

药物浓度/(g/L)		0.2	0.4	0.6	0.8	1.0	1.2
菌种编号	1						
	2						
	3						
	4						
	5						
	6						

表 10-3　高耐受性苯酚降解菌的筛选结果（菌落数）

药物浓度/(g/L)		0.2	0.4	0.6	0.8	1.0	1.2
菌种编号	1						
	2						
	3						
	4						
	5						

【注意事项】

① 各种培养基的配制应严格按配方的要求完成，尤其是苯酚的称量和 pH。

② 涂布梯度平板的菌悬液只作适度稀释，菌浓度不必过低。

③ 涂布平板的菌悬液不要过多或过少，以 0.2mL 为宜。

六、思考题

① 梯度平板上挑取菌落时，为什么要挑取单菌落？

② 单碳源实验的培养基和培养条件为什么一定要严格把握？

实验十一　产表面活性剂菌的筛选

一、实验目的

掌握用选择性培养基从油污土壤中分离产表面活性剂菌的原理和方法。

二、实验原理

生物表面活性剂是微生物在一定条件下培养时，在其代谢过程中分泌出的具有一定表面活性的代谢产物，如糖脂、多糖脂、脂肽或中性类脂衍生物等。生物表面活性剂除具有降低表面张力、稳定乳化液和增加泡沫等相同作用外，还具有一般化学合成表面活性剂所不具备的无毒、能生物降解等优点。

生物表面活性剂空间结构十分复杂和庞大，表面活性高，乳化能力强，多数生物表面活性剂可将表面张力降低到 30mN/m；具有良好的热稳定性和化学稳定性；无毒或低毒，能被生物完全降解，不会对环境造成污染和破坏；生物相容性好，一般不会导致过敏，可应用于药品、化妆品，甚至作为功能性食品添加剂；分子结构多样，具有特殊的官能团，专一性强；生产工艺简便，常温、常压下即可发生反应，生成设备要求不高；生产原料来源广阔且价廉，可以从工业废料和农副产品中获得。

产表面活性剂菌多以石油为原料。因此，在含石油废水中寻找目的菌。在中性 pH 及常温下进行产表面活性剂菌的初步筛选。之后，通过驯化试验，得到性能较高、较稳定的菌。

三、试剂与器材

1. 实验材料

以油田采油机旁油污土壤作为菌种分离土壤，取样后密封备实验使用。

2. 培养基

（1）分离筛选培养基

① 无机盐培养基（g/L） $K_2HPO_4 \cdot 3H_2O$ 1.0，KH_2PO_4 1.0，$MgSO_4 \cdot 7H_2O$ 0.5，NH_4NO_3 1.0，$CaCl_2$ 0.2，$FeCl_3$ 少量，pH 7.5。

② 富集培养基（g/L） 无机盐培养基，原油 2，pH 7～7.5。

③ 油平板（g/L） 无机盐培养基，原油 2，琼脂 20。

（2）种子培养基（g/L） 葡萄糖 20，蛋白胨 5，酵母提取物 3，NaCl 5，pH 7.5。

（3）降解液体培养基（g/L） 无机盐培养基，原油 1。

四、实验方法

① 对石油降解菌进行富集与分离。取 10g 污染土壤加入 100mL 选择培养基中，30℃，150r/min 摇床振荡培养 5d，吸取 5mL 上述选择培养基加入新鲜的富集培养基，连续转接 5 次。

② 取选择培养液采用稀释平板法进行分离。将培养液稀释后，取 0.1mL 培养液涂布于油平板上，分离得到能够以原油为唯一碳源生长的微生物单菌落，挑取到 LB 培养基斜面进行保存。

③ 石油降解菌产表面活性剂性能测定及菌株鉴定。采用排油测定法：将菌落接种于葡萄糖培养基，于30℃，150r/min振荡培养24h。离心（1000r/min，30min）去菌体，取直径约9cm培养皿，加入50mL左右蒸馏水，水面加入100μL石蜡形成油膜。在油膜中心滴入10μL发酵液。油膜被挤向周围形成排油圈，测定排油圈直径。对筛选出的菌株（一般细菌常用鉴定方法）进行形态学观察和生理生化测试。

④ 测定石油降解速率。石油降解菌加入种子培养基，培养24h。分别吸取5mL菌液接入50mL降解液体培养基中，于适当条件下培养7d，测定石油含量，以不接菌的降解液体培养基为对照（CK），重复三次实验。

$$降解率 = \frac{CK\ 含油率 - 接菌含油率}{CK\ 含油率} \times 100\%$$

⑤ 表面活性剂定性和定量测定，得到与之对应菌的产表面活性剂能力，对产能较高的菌进行纯化培养，并保存菌种。

【注意事项】

① 相同微生物在不同pH、温度等条件下产表面活性剂性能有差异，但是在pH中性及35℃左右具有最佳性能。

② 稀释平板法培养时，稀释倍数要适当，过大及过小均不利于高效分离菌种。

③ 产生物表面活性剂菌不仅仅以石油为原料，还可利用植物油脂等为原料。

五、结果与分析

记录并保存产表面活性剂菌株。

实验十二 外生菌根真菌的分离与纯化

一、实验目的

掌握分离筛选植物根际外生菌根真菌的方法。

二、实验原理

外生菌根菌（ectomycorrhizal fungi，简称 ECM）是森林生态系统重要的功能类群之一。在促生方面，外生菌根菌与宿主植物互作过程可提高根系对营养元素（尤其是磷元素）和水分的吸收，产生生长激素，促进植物生长，改善植物根际环境；在抗逆方面，菌根菌可显著提高植物耐盐碱能力。外生菌根菌能够防治或减轻某些植物病害，特别是土传病害，以菌根为核心界面而形成的菌根-根际微生物-植物系统，对多种重金属和有机污染物具有耐受性，并表现出一定的吸附和降解能力。外生菌根菌作为植物根际益生菌在提高植物生长和抗逆性方面发挥了重要作用。

三、试剂与器材

1. 菌株来源

采集的植物新鲜根组织。

2. 培养基

① PDA 培养基。

② MMN 培养基：牛肉汁＋蛋白胨 15g，$NH_4H_2PO_4$ 0.25g，维生素 B_1 0.1mg，$MgSO_4$ 0.15g，1% $FeCl_2$ 1.2mL，琼脂 15～20g，蒸馏水 1000mL，pH 5.5。

③ PACH 培养基：葡萄糖 20g，酒石酸铵 2.5g，1%柠檬酸铁 3mL，麦芽汁（11%）16mL，微量元素 1mL，$MgSO_4$ 0.5g，KH_2PO_4 1g，维生素 B_1（0.004%）1mL，琼脂 15～20g，蒸馏水 1000mL，pH 5.5。

1%柠檬酸铁配方为柠檬酸 1g、柠檬酸铁 1g、蒸馏水 1000mL；微量元素配方（g/L）为 H_3BO_3 0.28、$MnCl_2 \cdot 4H_2O$ 0.367、$ZnSO_4 \cdot 7H_2O$ 0.23、$CuSO_4 \cdot 5H_2O$ 0.0925、$Na_2MoO_4 \cdot 2H_2O$ 0.027。

3. 仪器及其他

超净工作台、培养箱、显微镜、75%酒精、30% H_2O_2。

四、实验方法

1. 根组织消毒处理

分离前将采集的植物根组织小心用清水冲洗干净，在体视显微镜下切取蓝莓营养根上的菌根组织，初步按照菌根外形及颜色的不同，将菌根组织放入已灭菌并装有无菌水的离心管中。在超净工作台内，首先用无菌水将待分离的菌根组织用无菌水冲洗 3 次，进一步去除其表面泥沙等杂质；再用 75％酒精处理 10s，用无菌水冲洗 3 次；然后用 30％ H_2O_2 处理 30s，进行表面消毒、灭菌；最后用无菌水冲洗 3 次，置于已消毒的滤纸上吸干表面水分，备用。

2. 样品的分离培养

在超净工作台内，将处理过的菌根样品用无菌手术刀切开，接于盛有上述 3 种培养基的培养皿中，使切面与培养基充分接触，并压实盖玻片。每皿接种 3～5 个样品，置于 25℃左右的恒温培养箱中进行培养。每天用显微镜低倍镜头观察记录菌落生长情况，并及时淘汰污染的菌落。

3. 分离物的纯化与培养

待菌丝从根横切面发出，或从菌核周围开始生长，形成菌落后，在菌丝尖端切取长有真菌菌丝的琼脂块，转接于新的相应培养基上继续培养，转接几次直至获得纯化菌株。纯化后的菌株接种于相应斜面培养基中，4℃保藏。

【注意事项】

菌根消毒时间要严格控制，消毒时间过长，会导致菌根真菌死亡。

五、结果与分析

记录并保存分离得到的外生菌根真菌菌株。

六、思考题

通过查阅文献，试述根部菌根真菌对植物生长有何作用。

第三章 ▶▶

微生物菌株的形态学特征观察与测定

实验十三 四大类微生物菌落及细胞形态的观察

一、实验目的

① 熟悉细菌、放线菌、酵母菌及霉菌的菌落和细胞形态特征；

② 根据四大类微生物的菌落和细胞形态特征，对一批未知菌落进行识别。

二、实验原理

微生物具有丰富的物种多样性。在光学显微镜下常见的主要有细菌、放线菌、酵母菌和霉菌四大类。可识别它们的方法很多，其中最简便的方法是观察其菌落和细胞的形态特征。此法对菌种筛选、鉴定和杂菌识别等实际工作十分重要。

菌落是由某一微生物的一个或少数几个细胞（包括孢子）在固体培养基上繁殖后所形成的子细胞集团。其形态和构造是细胞形态和构造在宏观层次上的反映，两者有密切的关联性。上述四大类微生物的细胞形态和构造明显不同，因此所形成的菌落也各不相同，从而为识别它们提供了客观依据。

三、试剂与器材

1. 已知菌种及涂片标本

大肠杆菌、金黄色葡萄球菌、枯草芽孢杆菌、灰色链霉菌、酿酒酵母、米根霉、黑曲霉、产黄青霉菌落标本及涂片标本。

2. 器材

恒温培养箱、显微镜、培养皿、载玻片、盖玻片、擦镜纸、吸水纸、接种针、刀片、镊子。

四、实验方法

1. 制备已知菌的单菌落标本

通过平板涂布或平板划线法可在相应的平板上获得细菌、放线菌、酵母菌和霉菌的菌落，用单点或三点接种法获得霉菌的单菌落。接种后，细菌平板可放置在37℃恒温培养箱中24～48h，酵母菌在28℃下2～3d，霉菌和放线菌置于25～28℃培养5～7d。

2. 观察已知菌的玻片标本

用显微镜观察细菌（大肠杆菌、金黄色葡萄球菌、枯草芽孢杆菌）、放线菌（灰色链霉菌）、酵母菌（酿酒酵母）及霉菌（米根霉、黑曲霉、产黄青霉）的细胞、菌丝或孢子形态特征。

3. 制备未知菌的单菌落和玻片标本

参照步骤1，通过平板涂布、平板划线或单点法获得未知菌的单菌落，进行菌落特征观察辨识。根据菌落形态特征参照步骤2制备玻片进行显微观察。

4. 辨识未知菌落

按上述表述进行辨认，并将结果填入下面相应的表格中。

五、结果与分析

将观察到的已知菌落形态特征记录在表13-1中。

在四大类微生物的菌落中，细菌和酵母菌的形态较为接近，放线菌和霉菌的形态较为接近，现分述如下：

1. 细菌和酵母菌菌落形态的异同

细菌和多数酵母菌都呈单细胞生长，菌落内的各子细胞间都充满毛细管水，从而两者产生相似的菌落，包括质地均匀，较湿润、透明、黏稠，表面较光滑，易挑起，菌落正反面和边缘与中央部位的颜色较一致等。它们的主要区别为：

（1）细菌 因为细菌的细胞较小，所以形成的菌落一般也较小、较薄、较透明，并较"细腻"。不同的细菌常产生不同的色素，故会形成相应颜色的菌落［图 13-1（a）］。更重要的是有些细菌具有某些特殊构造，于是使其也形成了特有的菌落形态特征。例如，有鞭毛的细菌常会形成大而扁平、边缘很不圆整的菌落。一般无鞭毛的细菌，只形成形态较小、突起和边缘光滑的菌落。具有荚膜的细菌可形成黏稠、光滑、透明及呈鼻涕状的大型菌落。有芽孢的细菌，常因其芽孢与菌体细胞有不同的光折射率以及细胞会呈链状排列，致使其菌落出现透明度较差，表面较粗糙，有时还有曲折的沟槽样外观等。许多细菌在生长过程中会产生较多有机酸或蛋白质分解物，因此，菌落常散发出一股酸败或腐臭味道。

（2）酵母菌 酵母菌细胞比细菌大（直径大 5～10 倍），且不能运动，繁殖速度较快，一般形成较大、较厚、较透明的圆形菌落［图 13-1（b）］。酵母菌一般不产色素，只有少数产红色素（如红酵母属 *Rhodotorula*），个别产黑色素。假丝酵母属（*Candida*）的种类因可形成藕节状的假菌丝，使菌落的边缘较快向外蔓延，因而会形成较扁平和边缘较不整齐的菌落。此外，由于酵母菌普遍生长在含糖量高的有机养料上并产生乙醇等代谢产物，故其菌落常伴有酒香味。

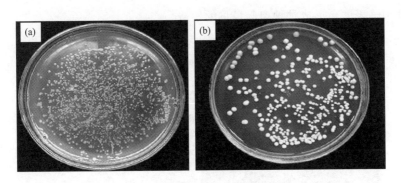

图 13-1 细菌和酵母菌菌落

（a）细菌菌落；（b）酵母菌菌落

2. 放线菌和霉菌菌落形态的异同

放线菌和霉菌的细胞都呈丝状生长，当在固体培养基上生长时，会分化出营养菌丝（基内菌丝）和气生菌丝，后者伸向空中，菌丝相互分离，它们之间无毛细管水形成，所以产生的菌落外观干燥、不透明，而且呈多丝状、绒毛状或毡状。由于营养菌丝伸向培养基内层，故菌落不易被挑起。由于气生菌丝、子实体、孢子和营养菌丝有不同的构造、颜色和发育阶段，因此菌落的正反面以及边缘与中央会呈现不同的构造和颜色。一般情况下，菌落中心具有较大的生理年龄，会较早分化出子实体和形成孢子，故颜色较深。此外，放线菌和霉菌因营养菌丝分泌的水溶性色素或气生菌丝或孢子的丰富颜色，而使培养基或菌落呈现各种相应的色泽。它们之间的区别为：

（1）放线菌　放线菌为原核生物，菌丝纤细，生长较缓慢，在其基内菌丝上可形成大量气生菌丝，气生菌丝再逐渐分化出孢子丝，其上再形成色泽丰富的分生孢子。由此造成放线菌菌落具有形态较小，菌丝细而致密，表面呈粉状、色彩丰富，不易挑起以及菌落边缘的培养基出现凹陷状等特征［图13-2(a)］。某些放线菌的基内菌丝因分泌水溶性色素而使培养基染上相应的颜色。不少放线菌还会产生有利于识别它们的土腥味素，从而使菌落带上有特殊土腥气味或冰片气味。

（2）霉菌　霉菌属于真核微生物，它们的菌丝直径一般较放线菌大数倍至10倍，长度则更加突出，且生长速度极快，因此形成了与放线菌有明显区别的大而疏松或大而致密的菌落［图13-2(b)］。由于其气生菌丝随生理年龄的增长会形成一定形状、构造和色泽的子实器官，所以菌落表面会形成种种肉眼可见的构造。

3. 四大类微生物菌落的识别要点

菌落湿润，正反面、中央与边缘颜色一致；小而扁平或小而隆起

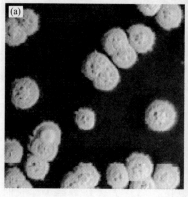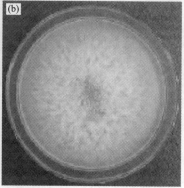

图13-2　霉菌和放线菌菌落

(a) 放线菌菌落；(b) 霉菌菌落

或大而扁平→细菌。

大而隆起→酵母菌。

菌落干燥，正反面、中央与边缘颜色不一；小，致密→放线菌。

大，致密或疏松→霉菌。

（1）将菌落特征填入表 13-1。

表 13-1 已知菌落形态特征

四大类型	菌种名称	辨识要点				菌落描述						
		干		湿		表面	边缘	隆起形状	颜色			透明度
		厚薄	大小	松密	大小				正面	反面	水溶色素	
细菌	大肠杆菌											
	金黄色葡萄球菌											
	枯草芽孢杆菌											
酵母菌	酿酒酵母											
放线菌	灰色链霉菌											
霉菌	产黄青霉											
	黑曲霉											
	米根霉											

（2）将观察到的未知菌落识别结果记录在表 13-2 中。

表 13-2 未知菌落识别结果

菌落号	湿		干		菌落描述							显微特征描述	判断结果
	厚薄	大小	松密	大小	表面	边缘	隆起形状	颜色			透明度		
								正面	反面	水溶色素			
1													
2													
3													
4													
5													

六、思考题

① 菌落干燥与湿润的原因是什么？为什么这一标准在四大类微生物识别中占有重要地位？

② 试分析影响菌落大小的内外因素。

③ 具有鞭毛、荚膜和芽孢的细菌在它们形成菌落时，一般会出现哪些相应特征？

④ 如何从菌落形态和孢子形态区别辨识霉菌和放线菌？

实验十四 细菌的涂片及简单染色法

一、实验目的

① 了解细菌的涂片和染色原理；
② 掌握简单染色方法。

二、实验原理

细菌的涂片和染色是微生物实验中的一项基本技术。细菌的细胞小而透明，在普通光学显微镜下不易辨识，必须对它进行染色，使染色后的菌体与背景形成明显的色差，从而能清楚地观察到其形态和构造。

用于生物染色的染料主要有碱性染料、酸性染料和中性染料三大类。碱性染料的离子带正电荷，能和带负电荷的物质结合。因细菌的蛋白质等电点较低，当它生长于中性、碱性或弱酸性的培养基中时常带负电荷，所以通常采用碱性染料（如美蓝、结晶紫、碱性复红或孔雀绿等）使其着色。酸性染料的离子带负电荷，能与带正电荷的物质结合。当细菌分解糖类产酸使培养基 pH 值下降时，细菌所带正电荷增加，因此能被伊红、酸性复红或刚果红等酸性染料着色。中性染料是前两者的结合，又称复合染料，如伊红美蓝和伊红天青。

简单染色法即仅用一种染料使细菌着色。此法虽然操作简单，但一般只能显示其形态，不能辨识其结构。

染色前必须先固定细菌，主要原因为：①杀死细菌并使其菌体黏附于玻片上；②增加菌体对染色液的亲和力。常用的固定细菌的方法有加热法和化学固定法两种。固定时应尽量维持细胞原有形态，防止细胞膨胀或收缩。

三、试剂与器材

菌种：大肠杆菌（*Escherichia coli*），金黄色葡萄球菌（*Staphylococcus aureus*）。

仪器：显微镜。

染色液：草酸铵结晶紫或石炭酸复红。

材料：玻片，擦镜纸，二甲苯，香柏油和玻片搁架等。

四、实验方法

（1）涂片　在洁净的玻片中央放一小滴水，用无菌的接种环挑取少量菌体与水滴充分混匀，涂成极薄的菌膜。涂布面积约 $1cm^2$。

（2）固定　手持玻片一端，有菌膜的一面朝上，迅速来回通过酒精灯外焰 3 次（用手指触摸涂片反面，以不烫手为宜）。待玻片冷却后再加染色液。

（3）染色　玻片置于玻片搁架上，加适量（以盖满菌膜为度）草酸铵结晶紫染色液（或石炭酸复红液）于菌膜部位，染色 1～2min。

（4）水洗　倾去染色液，用洗瓶中的自来水，自玻片一端缓慢流向另一端，冲去染色液，冲洗至流下的水中无染色液的颜色为止。

（5）干燥　自然干燥或用吸水纸盖在玻片部位以吸取水分（注意勿擦去菌体）。

（6）镜检　用油镜观察并绘制细菌形态图于记录本上。

（7）清理　实验完毕，清洁显微镜和涂片。有菌的玻片用洗衣粉水煮沸后清洗干净并沥干。

简单染色实验流程图见图 14-1。

五、结果与分析

将细菌简单染色和形态观察的结果记录于表 14-1 中。

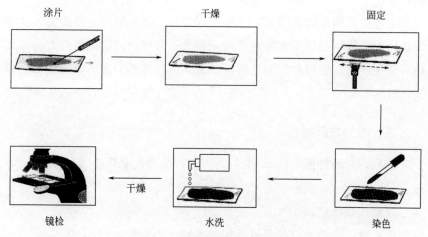

图 14-1　简单染色实验流程图

表 14-1　细菌简单染色和形态观察结果

菌种名称	染色液名称	菌体颜色	菌体形态(图示)
大肠杆菌 *Escherichia coli*			
金黄色葡萄球菌 *Staphylococcus aureus*			

六、思考题

① 涂片为什么要固定，固定时应注意什么问题？

② 你在涂片过程中遇到了什么问题？试分析其中的原因。

实验十五　细菌的革兰氏染色

一、实验目的

① 学习并掌握油镜的原理和使用方法；

② 了解革兰氏染色在细菌分类鉴定中的重要性；

③ 掌握革兰氏染色法的原理和方法。

二、实验原理

革兰氏染色反应结果是细菌分类和鉴定的重要依据。它是 1884 年由丹麦医师 Gram 创立的。革兰氏染色法（Gram stain）不仅能观察到细菌的形态，而且还可将所有细菌区分为两大类：染色反应呈蓝紫色的称为革兰氏阳性细菌，用 G⁺ 表示；染色反应呈红色（复染颜色）的称为革兰氏阴性细菌，用 G⁻ 表示。细菌对于革兰氏染色的不同反应，是由于它们细胞壁的成分和结构不同而造成的（见图 15-1）。革兰氏阳性细菌的细胞壁主要是由肽聚糖形成的网状结构组成的，在染色过程中，当用乙醇处理时，由于细胞脱水而引起网状结构中的孔径变小，通透性降低，使结晶紫-碘复合物被保留在细胞内而不易脱色，因此，细菌呈现蓝紫色；革兰氏阴性细菌的细胞壁中肽聚糖含量低，而脂类物质含量高，当用乙醇处理时，脂类物质溶解，细胞壁的通透性增加，使结晶紫-碘复合物易被乙醇抽出而脱色，然后又被染上了复染液（番红）的颜色，因此呈现红色。

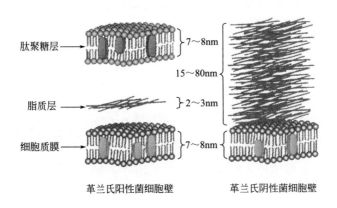

图 15-1 革兰氏阳性菌和革兰氏阴性菌细胞壁比较

革兰氏染色须用四种不同的溶液：碱性染料（basic dye）初染液、媒染剂（mordant）、脱色剂（decolorising agent）和复染液（counterstain）。碱性染料初染液的作用像在细菌的单染色法基本原理中所述的那样，而用于革兰氏染色的初染液一般是结晶紫（crystal violet）。媒染剂的作用是增加染料和细胞之间的亲和性或附着力，即以某种方式帮助染料固定在细胞上，使染料不易脱落，碘（iodine）是常用的媒染剂。脱色剂是将被染色的细胞进行脱色，不同类型的细胞脱色反应不同，有的能被脱色，有的则不能，脱色剂常用95％酒精（ethanol）。复染液也是一种碱性染料，其颜色不同于初染液，复染的目的是使被脱色的细胞染上不同于初染液的颜色，而未被脱色的细胞仍然保持初染的颜色，从而将细胞区分成 G⁺ 和 G⁻ 两大类群，常用的复染液是番红。

三、试剂与器材

1. 菌种

大肠杆菌、金黄色葡萄球菌。

2. 其他

革兰氏染色液、载玻片、显微镜、盖玻片、吸水纸、接种针。

四、实验方法

1. 涂片

将培养24h的金黄色葡萄球菌和大肠杆菌分别做涂片（注意涂片切不可过于浓厚），干燥、固定。固定时通过火焰1～2次即可，不可过热，以载玻片不烫手为宜。

2. 染色

（1）初染　加草酸铵结晶紫一滴，约1min，水洗。

（2）媒染　滴加碘液，冲去残水，并覆盖约1min，水洗。

（3）脱色　将载玻片上面的水甩净，并衬以白背景，用95％酒精滴洗至流出酒精刚刚不出现紫色时为止，约 20～30s，立即用水冲净酒精。

（4）复染　用番红液染1～2min，水洗。

（5）镜检　干燥后，置油镜观察。革兰氏阴性菌呈红色，革兰氏阳性菌呈紫色。以分散开的细菌的革兰氏染色反应为准，过于密集的细菌，常常呈假阳性。

（6）对比　同法在一载玻片上以大肠杆菌与金黄色葡萄球菌混合制片，作革兰氏染色对比。

革兰氏染色的关键在于严格掌握酒精脱色程度，如脱色过度，则阳性菌可被误染为阴性菌；而脱色不够时，阴性菌可被误染为阳性菌。此外，菌龄也影响染色结果，如阳性菌培养时间过长，或已死亡及部分菌自行溶解了，常呈阴性反应。细菌革兰氏染色程序见图 15-2。

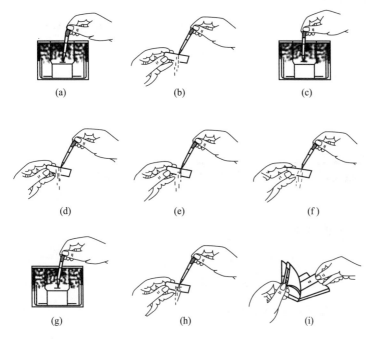

图 15-2　革兰氏染色程序

（a）初染；（b）水洗；（c）媒染；（d）水洗；（e）脱色；

（f）水洗；（g）复染；（h）水洗；（i）吸干

五、结果与分析

在你所做的革兰氏染色制片中，大肠杆菌和金黄色葡萄球菌各染成何色？它们是革兰氏阴性菌还是革兰氏阳性菌？

六、思考题

① 哪些环节会影响革兰氏染色结果的正确性？其中最关键的环节是什么？

② 为什么要求制片完全干燥后才能用油镜观察？

③ 如果涂片未经热固定，将会出现什么问题？如果加热温度过高、时间太长，又会怎么样呢？

④ 革兰氏染色涂片为什么不能过于浓厚？其染色成败的关键一步

是什么？

⑤ 进行革兰氏染色时，为什么特别强调菌龄不能太老？用老龄细菌染色会出现什么问题？

⑥ 革兰氏染色时，初染前能加碘液吗？乙醇脱色后复染之前，革兰氏阳性菌和革兰氏阴性菌分别是什么颜色？

⑦ 当你对一株未知菌进行革兰氏染色时，怎样能确证你的染色技术操作正确，结果可靠？

实验十六 细菌芽孢、荚膜的染色及观察

一、实验目的

① 学习并掌握芽孢染色法；
② 初步了解芽孢杆菌的形态特征；
③ 学习并掌握荚膜染色法。

二、实验原理

芽孢染色法的基本原理是：用着色力强的染色剂在加热条件下染色，使染料不仅进入菌体，也可进入芽孢内，进入菌体的染料经水洗后被脱色，而芽孢一经着色难以被水洗脱，当用对比度大的复染剂染色后，芽孢仍然保留初染剂的颜色，而菌体和芽孢囊被染成复染剂的颜色，使芽孢和菌体更易于区分。

荚膜是包围在细菌细胞外的一层黏液状或胶质状物质，其成分为多糖、糖蛋白或多肽。由于荚膜与染料的亲和力弱、不易着色，通常用衬托染色法染色。该方法使菌体和背景着色，而荚膜不着色，在菌体周围形成一透明圈。由于荚膜含水量高，制片时通常不用热固定，以免变形影响观察。

三、试剂与器材

菌种：枯草芽孢杆菌、褐球固氮菌的斜面菌种。

试剂：二甲苯、香柏油、蒸馏水、5%孔雀绿水溶液、0.5%沙黄水

溶液（或 0.05％碱性复红）、绘图墨水（用滤纸过滤后备用）、95％乙醇、石炭酸复红染液。

器材：显微镜、接种环、酒精灯、载玻片、盖玻片、小试管（1cm×6.5cm）、烧杯（300mL）、滴管、试管夹、擦镜纸、吸水纸。

四、实验方法

（一）芽孢染色法

1. 方法 1

① 取 37℃培养 18～24h 的枯草芽孢杆菌做涂片，并干燥，固定（参见"细胞简单染色法"）。

② 于涂片上滴入 3～5 滴 5％孔雀绿水溶液。

③ 用试管夹夹住载玻片在火焰上用微火加热，自载玻片上出现蒸汽时，开始计算时间约 4～5min。加热过程中切勿使染料蒸干，必要时可添加少许染料。

④ 倾去染液，待玻片冷却后，用自来水冲洗至孔雀绿不再褪色为止。

⑤ 用 0.5％沙黄水溶液（或 0.05％碱性复红）复染 1min，水洗。

⑥ 制片干燥后用油镜观察。芽孢呈绿色，菌体红色。

2. 方法 2

① 加 1～2 滴自来水于小试管中，用接种环从斜面上挑取 2～3 环培养 18～24h 的枯草芽孢杆菌菌苔于试管中，并充分混匀打散，制成浓稠的菌液。

② 加 5％孔雀绿水溶液 2～3 滴于小试管中，用接种环搅拌使染料与菌液充分混合。

③ 将此试管浸于沸水浴（烧杯）中，加热 15～20min。

④ 用接种环从试管底部挑数环菌于洁净的载玻片上，并涂成薄膜，将涂片通过微火 3 次固定。

⑤ 水洗，至流出的水中无孔雀绿颜色为止。

⑥ 加沙黄水溶液，染 2～3min 后，倾去染液，不用水洗，直接用吸水纸吸干。

⑦ 干燥后用油镜观察。芽孢绿色，菌体红色。

（二）荚膜染色法

1. 石炭酸复红染色法

① 取培养 72h 的褐球固氮菌制成涂片，自然干燥（不可用火焰烘干）。

② 滴入 1～2 滴 95% 乙醇固定（不可加热固定）。

③ 加石炭酸复红染液染色 1～2min，水洗，自然干燥。

④ 在载玻片一端加一滴墨水，另取一块边缘光滑的载玻片与墨水接触，再以匀速推向另一端，涂成均匀的一薄层，自然干燥（见图 16-1）。

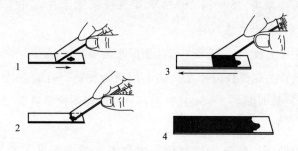

图 16-1　荚膜墨水染色的涂片方法

⑤ 干燥后用油镜观察。菌体红色，荚膜无色，背景黑色。

2. 背景染色法

① 先加 1 滴墨水于洁净的玻片上，并挑少量褐球固氮菌与之充分混合均匀。

② 放一清洁盖玻片于混合液上，然后在盖玻片上放一张滤纸，向下轻压，吸收多余的菌液。

③ 干燥后用油镜观察。背景灰色，菌体较暗，在其周围呈现一明亮的透明圈即荚膜。

【注意事项】

① 荚膜染色涂片不要用加热固定，以免荚膜皱缩变形。

② 供芽孢染色用的菌种应控制菌龄，使大部分芽孢仍保留在菌体上为宜。

五、结果与分析

绘图：

① 枯草芽孢杆菌及巨大芽孢杆菌的菌体及芽孢形态、芽孢的着生

位置。

② 褐球固氮菌菌体及荚膜的形态。

试制片，但不进行染色，观察是否能看到芽孢和荚膜。

六、思考题

① 为什么芽孢染色要加热？为什么芽孢及营养体能染成不同的颜色？

② 组成荚膜的成分是什么？涂片一般用什么固定方法？为什么？

③ 通过荚膜染色法染色后，为什么被包在荚膜里面的菌体着色而荚膜不着色？

④ 试设计实验：如何鉴定某一产芽孢菌株的芽孢形态、着生位置及所属分类地位。

实验十七 比色法测微生物的生长曲线

一、实验目的

① 了解微生物生长曲线特点及测定原理；

② 掌握用比浊法测定微生物生长曲线的方法。

二、实验原理

微生物生长曲线是以微生物数量（活细菌个数或细菌重量）为纵坐标、培养时间为横坐标画得的曲线。它反映了单细胞微生物在一定环境条件下于液体培养时所表现出的群体生长规律。依据其生长速率的不同，一般可把生长曲线分为延缓期、对数期、稳定期和衰亡期。这四个时期的长短因菌种的遗传性、接种量和培养条件的不同而有所改变。因此通过测定微生物的生长曲线，可了解各菌的生长规律，对于科研和生产都具有重要的指导意义。

微生物生长曲线的绘制方法主要分为：生长量测量法、微生物计数法、还原糖测定法、氨基酸测定法以及其他生理物质的测定。其中生长量测量法又分为测菌丝浓度法、称干重法、比浊法等，可根据要求和实验室条件选用。本实验采用比浊法测定，由于细菌悬液的浓度与光密度

（OD 值）成正比，因此可利用分光光度计测定菌悬液的光密度来推知菌液的浓度，并将所测的 OD 值与其对应的培养时间作图，即可绘出该菌在一定条件下的生长曲线。此法的优点是快捷、简便。

三、试剂与器材

大肠杆菌、牛肉膏蛋白胨培养基、721 分光光度计、比色杯、恒温摇床、无菌吸管、灭菌试管、锥形瓶。

四、实验方法

① 用 5mL 无菌吸管取 2.5mL 大肠杆菌过夜培养液，加入盛有 65mL 无菌 LB 培养基的锥形瓶中，混合均匀。

② 取 10 支灭菌试管，分别标记培养时间，即 1h、2h、3h…9h、10h。各管分别加入上述大肠杆菌混合液 5mL，37℃振荡培养。

③ 培养 1h、2h、3h…9h、10h 后，分别取出标记相应时间的试管，以未接种的 LB 培养基作为对照，依次测定 OD_{600nm} 值。

④ 如果菌液浓度过大，用 LB 培养基对其进行稀释，以稀释后菌液 OD 值在 0.1～0.65 为宜。培养液实际 OD 值为稀释后测得的 OD 值乘以稀释倍数。测定时，须将待测培养液振荡均匀。

⑤ 以测定的 OD 值为纵坐标、培养时间为横坐标，绘制大肠杆菌生长曲线（见图 17-1）。

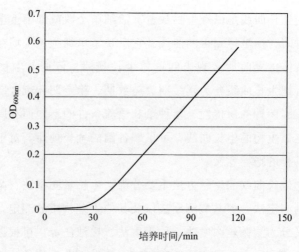

图 17-1　大肠杆菌生长曲线

五、结果与分析

绘制大肠杆菌生长曲线。

六、思考题

① 浊度比色法测微生物生长曲线的原理是什么？

② 测 OD 值为什么要设立空白对照？

③ 细菌生长繁殖经历哪几个时期？各时期有什么特点？

实验十八　微生物数量的测定

一、实验目的

① 了解血细胞计数板的构造和使用方法；

② 掌握用血细胞计数板对酵母细胞进行计数；

③ 掌握出芽率的测定。

二、实验原理

利用血细胞计数板在显微镜下直接计数，是一种常用的微生物计数方法。此法的优点是直观、快速。将经过适当稀释的菌悬液（或孢子悬液）放在血细胞计数板载玻片与盖玻片之间的计数室中，在显微镜下进行计数。由于计数室的容积是一定的（$0.1mm^3$），所以可以根据在显微镜下观察到的微生物数目来换算成单位体积内的微生物总数目。由于此法计得的是活菌体和死菌体的总和，故又称为总菌计数法。

血细胞计数板通常是一块特制的载玻片，其上由四条槽构成三个平台。中间的平台又被一短横槽隔成两半，每一边的平台上各刻有一个方格网，每个方格网共分九个大方格，中间的大方格即为计数室，微生物的计数就在计数室中进行（见图18-1、图18-2）。计数室的刻度一般有两种规格：一种是一个大方格分成 16 个中方格，而每个中方格又分成 25 个小方格；另一种是一个大方格分成 25 个中方格，而每个中方格又分成 16 个小方格。但无论是哪种规格的计数板，每一个大方格中的小

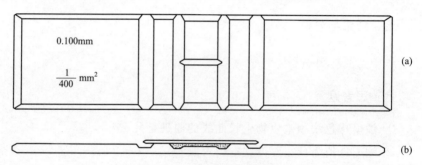

图 18-1 血细胞计数板构造（一）

（a）正面图；（b）纵切面图

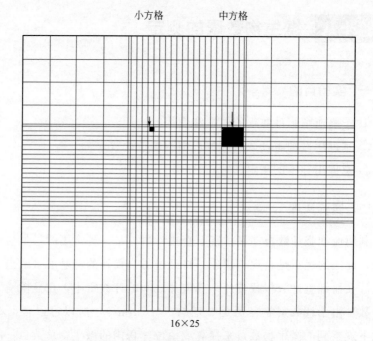

图 18-2 血细胞计数板构造（二）

放大后的方格网，中间大方格为计数室

方格数都是相同的，即 16×25=400 个小方格。

每一个大方格边长为 1mm，则每一大方格的面积为 $1mm^2$，盖上盖玻片后，载玻片与盖玻片之间的高度为 0.1mm，所以计数室的容积为 $0.1mm^3$。

在计数时，通常数五个中方格的总菌数，然后求得每个中方格的平均值，再乘以 16 或 25，就得出一个大方格中的总菌数，然后换算成

1mL 菌液中的总菌数。

下面以一个大方格有 25 个中方格的计数板为例进行计算：设五个中方格中总菌数为 A，菌液稀释倍数为 B，那么，一个大方格中的总菌数：

因 $1mL = 1cm^3 = 1000mm^3$，即：

$$0.1mm^3 \text{ 中的总菌数} = \frac{A}{5} \times 25 \times B$$

故 $1mL$ 菌液中的总菌数 $= \frac{A}{5} \times 25 \times 10 \times 1000 \times B$

$$= 50000AB \text{ （个）}$$

同理，如果是 16 个中方格的计数板，设五个中方格的总菌数为 A'，则：

$$1mL \text{ 菌液中总菌数} = \frac{A'}{5} \times 16 \times 10 \times 1000 \times B'$$

$$= 32000A'B' \text{ （个）}$$

三、试剂与器材

1. 菌种

酿酒酵母。

2. 培养基

马铃薯蔗糖培养基。

3. 仪器及其他用具

血细胞计数板，显微镜，盖玻片，细口滴管，1mL 无菌吸管，无菌平板，恒温培养箱等。

四、实验方法

1. 稀释

将酿酒酵母菌悬液进行适当稀释，菌液如不浓，可不必稀释。

2. 镜检计数室

在加样前，先对血细胞计数板的计数室进行镜检。若有污物，则须清洗后才能进行计数。

3. 加样品

将清洁干燥的血细胞计数板盖上盖玻片，再用无菌的细口滴管将稀释的酿酒酵母菌悬液由盖玻片边缘滴一小滴（不宜过多），让菌液沿缝隙靠毛细渗透作用自行进入计数室，一般计数室均能充满菌液。注意不可有气泡产生。

4. 显微镜计数

静置5min后，将血细胞计数板置于显微镜载物台上，先用低倍镜找到计数室所在位置，然后换成高倍镜进行计数。在计数前若发现菌液太浓或太稀，须重新调节稀释度后再计数。一般样品稀释度要求以每小格内约有5~10个菌体为宜。每个计数室选5个中格（可选4个角和中央的中格）中的菌体进行计数。位于格线上的菌体一般只数上方和右边线上的。出芽的酵母，芽体大小达到酵母细胞的一半时，即作两个菌体计数，芽体小于菌体1/2时为细胞芽体，计数细胞芽体的数目，计算出芽率。计数一个样品要从两个计数室中计得的平均值来计算样品的含菌量。

5. 清洗血细胞计数板

使用完毕后，将血细胞计数板在水龙头上用水柱冲洗，切勿用硬物洗刷，洗完后自行晾干或用吹风机吹干。镜检，观察每小格内是否有残留菌体或其他沉淀物。若不干净，则必须重复洗涤至干净为止。

五、结果与分析

将结果记录于表18-1中。A 表示五个中方格中的总菌数；B 表示菌液稀释倍数。

表 18-1　血细胞计数板菌数统计结果

位置	各中格中菌数					A	B	菌数/mL	二室平均值
	1	2	3	4	5				
第一室									
第二室									

六、思考题

根据实验的体会，说明用血细胞计数板计数的误差主要来自哪些方面，应如何减少误差。

实验十九　微生物大小的测定

一、实验目的

① 掌握测微尺的使用和计算方法；

② 熟悉对球菌和杆菌的测量方法。

二、实验原理

所有微生物的大小需要用刻有一定刻度的测微尺来测量，先用绝对长度的镜台测微尺来校正不表示绝对长度的目镜测微尺，计算后者每格所代表的实际长度，然后放上待测的标本，用目镜测微尺测定标本上微生物细胞占目镜测微尺的格数，就可计算该微生物的大小。

酵母菌的直径约 $8\sim10\mu m$，细菌中球菌直径一般为 $0.5\sim1\mu m$，杆菌长 $1\sim5\mu m$，宽 $0.5\sim1\mu m$。

三、试剂与器材

酵母菌、金黄色葡萄球菌、大肠杆菌的玻片标本。

香柏油、二甲苯。

显微镜、目镜测微尺、镜台测微尺、擦镜纸。

四、实验方法

1. 测微尺的构造

显微镜测微尺是由目镜测微尺和镜台测微尺组成，目镜测微尺是一块圆形玻璃片，其中有精确的等分刻度，在 5mm 刻尺上分 50 份［图 19-1(a)］。目镜测微尺每格实际代表的长度随使用接目镜和接物镜的放大倍数而改变，因此在使用前必须用镜台测微尺进行标定。

镜台测微尺为一中央有精确等分线的专用载玻片［图 19-1(b)］，一般将长为 1mm 的直线等分成 100 个小格，每格长 0.01mm 即 $10\mu m$，是专用于校正目镜测微尺每格长度的。

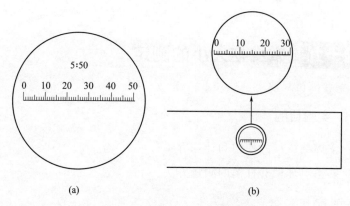

图 19-1 目镜测微尺与镜台测微尺

（a）目镜测微尺；（b）镜台测微尺

2. 目镜测微尺的标定

把目镜的上透镜旋开，将目镜测微尺轻轻放在目镜的隔板上，使有刻度的一面朝下。将镜台测微尺放在显微镜的载物台上，使有刻度的一面朝上。先用低倍镜观察，调焦距，待看清镜台测微尺的刻度后，转动目镜，使目镜测微尺的刻度与镜台测微尺的刻度相平行，并使两尺左边的一条线重合，向右寻找另外一条两尺相重合的直线（图 19-2）。

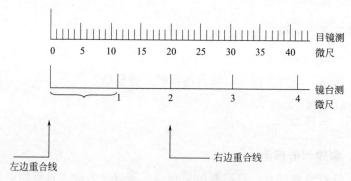

图 19-2 目镜测微尺的标定

3. 计算方法

标定公式：

$$目镜测微尺每格长度（\mu m）=\frac{两条重合线间镜台测微尺的格数\times 10}{两条重合线间目镜测微尺的格数}$$

例如，目镜测微尺 20 个小格等于镜台测微尺 3 小格，已知镜台测微尺每格为 $10\mu m$，则 3 小格的长度为 $3\times 10=30\mu m$，那么相应地在目镜测微尺上每小格长度为 $3 \times 10 \div 20 = 1.5 \mu m$。用以上计算方法分别校正低倍镜、高倍镜及油镜下目镜测微尺每格的实际长度。

4. 菌体大小的测定

将镜台测微尺取下，分别换上大肠杆菌、金黄色葡萄球菌及酵母菌的玻片标本，先在低倍镜和高倍镜下找到目的物，然后在油镜下用目镜测微尺测量菌体的大小。先量出菌体的长和宽占目镜测微尺的格数，再以目镜测微尺每格的长度计算出菌体的长和宽，并详细记录于表 19-1 中。

例如，目镜测微尺在显微镜下，每格相当于 $1.5 \mu m$，测量的结果若菌体的平均长度相当于目镜测微尺的 2 格，则菌体长应为 $2 \times 1.5 \mu m = 3.0 \mu m$。

一般测量菌体的大小，应测定 $10 \sim 20$ 个菌体，求出平均值，才能代表该菌的大小。

【注意事项】

① 镜台测微尺的玻片很薄，在标定油镜头时，要格外注意，以免压碎镜台测微尺或损坏镜头。

② 标定目镜测微尺时要注意准确对正目镜测微尺与镜台测微尺的重合线。

五、结果与分析

1. 目镜测微尺标定结果

低倍镜下_____倍目镜测微尺每格长度是_____ μm。

高倍镜下_____倍目镜测微尺每格长度是_____ μm。

油镜下_____倍目镜测微尺每格长度是_____ μm。

2. 菌体大小测定结果

菌号	大肠杆菌				金黄色葡萄球菌		酵母菌	
	目镜测微尺格数/格		实际长度/μm		目镜测微尺格数/格	实际直径/μm	目镜测微尺格数/格	实际直径/μm
	宽	长	宽	长				
1								
2								
3								

续表

菌号	大肠杆菌				金黄色葡萄球菌		酵母菌	
	目镜测微尺格数/格		实际长度/μm		目镜测微尺格数/格	实际直径/μm	目镜测微尺格数/格	实际直径/μm
	宽	长	宽	长				
4								
5								
6								
7								
8								
9								
10								
均值								

六、思考题

① 为什么更换不同放大倍数的目镜和物镜时必须重新用镜台测微尺对目镜测微尺进行标定？

② 若目镜不变，目镜测微尺也不变，只改变物镜，那么目镜测微尺每格所测量的镜台上的菌体细胞的实际长度（或宽度）是否相同？为什么？

第四章 ▶▶ 微生物菌株的鉴定实验

实验二十 大分子物质的水解实验

一、实验目的

① 证明不同微生物对各种有机大分子的水解能力不同，从而说明不同微生物有着不同的酶系统；

② 掌握进行微生物大分子水解实验的原理和方法。

二、实验原理

微生物对大分子的淀粉、蛋白质和脂肪不能直接利用，必须靠产生的胞外酶将大分子物质分解才能将其吸收利用。胞外酶主要为水解酶，通过加水裂解大的物质为较小的化合物，使其能被运输至细胞内。如淀粉酶水解淀粉为小分子的糊精、双糖和单糖；脂肪酶水解脂肪为甘油和脂肪酸；蛋白酶水解蛋白质为氨基酸等。这些过程均可通过观察细菌菌落周围的物质变化来证实：淀粉遇碘液会产生蓝色，但细菌水解淀粉的区域，用碘测定不再产生蓝色，表明细菌产生淀粉酶；脂肪水解后产生脂肪酸可改变培养基的 pH，使 pH 降低，加入培养基的中性红指示剂会使培养基从淡红色变为深红色，说明胞外存在脂肪酶。

微生物除可以利用各种蛋白质和氨基酸作为氮源外，当缺乏糖类物质时，亦可用它们作为碳源和能源。明胶是由胶原蛋白经水解产生的蛋白质，在 25℃ 以下可维持凝胶状态，以固体形式存在。而在 25℃ 以上明胶就会液化。有些微生物可产生一种称作明胶酶的胞外酶，水解这种蛋白质，而使明胶液化，甚至在 4℃仍能保持液化状态。

还有些微生物能水解牛奶中的蛋白质酪素，酪素的水解可用石蕊牛奶来检测。石蕊培养基由脱脂牛奶和石蕊组成，呈混浊的蓝色。酪素水解成氨基酸和肽后，培养基就会变得透明。石蕊牛奶也常被用来检测乳糖发酵，因为在酸存在下，石蕊会转变为粉红色，而过量的酸可引起牛奶的固化（凝乳形成）。氨基酸的分解会引起碱性反应，使石蕊变为紫色。此外，某些细菌能还原石蕊，使试管底部变为白色。

尿素是由大多数哺乳动物消化蛋白质后被分泌在尿中的废物。尿素酶能分解尿素释放出氨，这是一个很有用的分辨细菌的诊断实验。尽管许多微生物都可以产生尿素酶，但它们利用尿素的速度比变形杆菌属（*Proteus*）的细菌要慢，因此尿素酶试验被用来从其他非发酵乳糖的肠道微生物中快速区分这个属的成员。尿素琼脂含有蛋白胨、葡萄糖、尿素和酚红。酚红在 pH 6.8 时为黄色，而在培养过程中，产生尿素酶的细菌将分解尿素产生氨，使培养基的 pH 升高，在 pH 升至 8.4 时，指示剂就转变为深粉红色。

三、试剂与器材

1. 菌种

枯草芽孢杆菌，大肠杆菌，金黄色葡萄球菌，铜绿假单胞菌，普通变形杆菌。

2. 培养基

固体油脂培养基，固体淀粉培养基，明胶培养基试管，石蕊牛奶培养基试管，尿素琼脂培养基试管。

3. 试剂

革兰氏染色用卢戈氏碘液（Lugol's iodine solution）。

4. 器材

无菌平板，无菌试管，接种环，接种针，试管架。

四、实验方法

1. 淀粉水解实验

① 将固体淀粉培养基熔化后冷却至 50℃左右，无菌操作制成平板。

② 用记号笔在平板底部划成四部分。

③ 将枯草芽孢杆菌、大肠杆菌、金黄色葡萄球菌、铜绿假单胞菌分别在不同的部分划线接种，在平板的反面分别在四部分写上菌名。

④ 将平板倒置在 37℃ 恒温箱中培养 24h。

⑤ 观察各种细菌的生长情况，将平板打开盖子，滴入少量卢戈氏碘液于平皿中，轻轻旋转平板，使碘液均匀铺满整个平板。

如菌苔周围出现无色透明圈，说明淀粉已被水解，为阳性。根据透明圈的大小可初步判断该菌水解淀粉能力的强弱，即产生胞外淀粉酶活力的高低。

2. 油脂水解实验

① 将熔化的固体油脂培养基冷却至 50℃ 左右时，充分摇荡，使油脂均匀分布。无菌操作倒入平板，待凝。

② 用记号笔在平板底部划成四部分，分别标上菌名。

③ 将上述四种菌分别用无菌操作划十字接种于平板的相对应部分的中心。

④ 将平板倒置，于 37℃ 恒温箱中培养 24h。

⑤ 取出平板，观察菌苔颜色，如出现红色斑点说明脂肪水解，为阳性反应。

3. 明胶水解实验

① 取三支明胶培养基试管，用记号笔标明各管欲接种的菌名。

② 用接种针分别穿刺接种枯草芽孢杆菌、大肠杆菌、金黄色葡萄球菌。

③ 将接种后的试管置 20℃ 中，培养 2～5d。

④ 观察明胶液化情况。

4. 石蕊牛奶实验

① 取两支石蕊牛奶培养基试管，用记号笔标明各管欲接种的菌名。

② 分别接种普通变形杆菌和金黄色葡萄球菌。

③ 将接种后的试管置 35℃ 条件下，培养 24～48h。

④ 观察培养基颜色变化。石蕊在酸性条件下为粉红色，碱性条件下为紫色，而被还原时为白色。

5. 尿素实验

① 取两支尿素琼脂培养基试管，用记号笔标明各管欲接种的菌名。

② 分别接种普通变形杆菌和金黄色葡萄球菌。

③ 将接种后的试管置 35℃ 条件下，培养 24～48h。

④ 观察培养基颜色变化。尿素酶存在时为红色，无尿素酶时应为黄色。

五、结果与分析

将结果填入表 20-1，"＋"表示阳性，"－"表示阴性。

表 20-1　不同菌种大分子物质的水解实验

菌　　名	淀粉水解实验	油脂水解实验	明胶水解实验	石蕊牛奶实验	尿素实验
枯草芽孢杆菌					
大肠杆菌					
金黄色葡萄球菌					
铜绿假单胞菌					
普通变形杆菌					

六、思考题

① 怎样解释淀粉酶是胞外酶而非胞内酶？

② 不利用碘液，怎样证明淀粉水解的存在？

③ 接种后的明胶试管可以在 35℃ 培养，在培养后必须做什么才能证明水解的存在？

④ 在石蕊牛奶中的石蕊为什么能起到氧化还原指示剂的作用？

⑤ 为什么尿素实验可用于鉴定 *Proteus* 细菌？

实验二十一　糖发酵实验

一、实验目的

① 了解糖发酵的原理和在肠道细菌鉴定中的重要作用；

② 掌握通过糖发酵鉴别不同微生物的方法。

二、实验原理

糖发酵实验是常用的鉴别微生物的生化反应，在肠道细菌的鉴定上尤为重要。绝大多数细菌都能利用糖类作为碳源和能源，但是它们在分解糖类物质的能力上有很大的差异。有些细菌能分解某种糖产生有机酸（如乳酸、醋酸、丙酸等）和气体（如氢气、甲烷、二氧化碳等）；有些细菌只产酸不产气。例如大肠杆菌能分解乳糖和葡萄糖产酸并产气；伤寒杆菌分解葡萄糖产酸不产气，不能分解乳糖；普通变形杆菌分解葡萄糖产酸产气，不能分解乳糖。发酵培养基含有蛋白胨、指示剂（溴甲酚紫）、倒置的德汉氏小管和不同的糖类。当发酵产酸时，溴甲酚紫指示剂可由紫色（pH 6.8）变为黄色（pH 5.2）。气体的产生可由倒置的德汉氏小管中有无气泡来证明。

三、试剂与器材

1. 菌种

大肠杆菌，普通变形杆菌，伤寒杆菌。

2. 培养基

葡萄糖发酵培养基试管和乳糖发酵培养基试管各 10 支（内装有倒置的德汉氏小管）。

3. 器材

试管架，接种环等。

四、实验方法

① 用记号笔在各试管外壁上分别标明发酵培养基名称和所接种的细菌菌名。

② 取葡萄糖发酵培养基试管 10 支，分别接入大肠杆菌、普通变形杆菌、伤寒杆菌，各 3 支，第 10 支不接种，作为对照。另取乳糖发酵培养基试管 10 支，同样分别接入大肠杆菌、普通变形杆菌、伤寒杆菌，各 3 支，第 10 支不接种。

在接种后，轻缓摇动试管，使其均匀，防止倒置的小管进入气泡。

③ 将接种过和作为对照的 20 支试管均置 37℃培养 24～48h。

④ 观察各试管颜色变化及德汉氏小管中有无气泡（见图 21-1）。

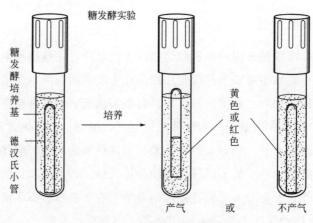

图 21-1　糖发酵实验结果观察

五、结果与分析

将结果填入表 21-1。"＋"表示产酸或产气,"－"表示不产酸或不产气。

表 21-1　不同菌种糖发酵实验结果

糖类发酵类型	大肠杆菌	普通变形杆菌	伤寒杆菌	对照
葡萄糖发酵				
乳糖发酵				

六、思考题

① 假如某种微生物可以有氧代谢葡萄糖,发酵实验应该出现什么结果?

② 小张利用乳糖发酵培养基在做普通变形杆菌糖发酵实验时,出现了产酸产气的现象,试分析出现这种情况的原因。

实验二十二　IMViC 与硫化氢实验

一、实验目的

① 掌握 IMViC 与硫化氢反应的原理;

② 了解其在肠道菌鉴定中的意义和方法。

二、实验原理

IMViC 是吲哚实验（indole test）、甲基红实验（methyl red test）、伏-普实验（Voges-Proskauer test）和柠檬酸盐实验（citrate test）四个实验的缩写，i 是在英文中为了发音方便而加上的。这四个实验主要是用来快速鉴别大肠杆菌和产气肠杆菌（*Enterobacter aerogenes*），多用于水的细菌学检查。大肠杆菌虽非致病菌，但在饮用水中若超过一定数量，则表示受粪便污染。产气肠杆菌也广泛存在于自然界中，因此检查水时要将两者分开。

硫化氢实验也是检查肠道杆菌的生化实验。

吲哚实验是用来检测吲哚的产生的实验。有些细菌能产生色氨酸酶，分解蛋白胨中的色氨酸产生吲哚和丙酮酸。吲哚与对二甲基氨基苯甲醛结合，形成红色的玫瑰吲哚。但并非所有微生物都具有分解色氨酸产生吲哚的能力，因此吲哚实验可以作为一个生物化学检测的指标。

大肠杆菌吲哚反应呈阳性，产气肠杆菌为阴性。

甲基红实验是用来检测由葡萄糖产生的有机酸，如甲酸、乙酸、乳酸等。当细菌代谢糖产生酸时，培养基就会变酸，使加入培养基的甲基红指示剂由橘黄色（pH 6.3）变为红色（pH 4.2），即甲基红反应。尽管所有的肠道微生物都能发酵葡萄糖产生有机酸，但这个实验在区分大肠杆菌和产气肠杆菌上仍然是有价值的。这两个细菌在培养的早期均产生有机酸，但大肠杆菌在培养后期仍能维持酸性 pH 4，而产气肠杆菌则转化有机酸为非酸性末端产物，如乙醇、丙酮酸等，使 pH 升至大约 6。因此，大肠杆菌为阳性反应，产气肠杆菌为阴性反应。

伏-普实验是用来测定某些细菌利用葡萄糖产生非酸性或中性末端产物的能力，如丙酮酸。丙酮酸进行缩合、脱羧生成乙酰甲基甲醇，此化合物在碱性条件下能被空气中的氧气氧化成二乙酰。二乙酰与蛋白胨中精氨酸的胍基作用，生成红色化合物，即伏-普反应阳性；不产生红色化合物者为阴性反应。有时为了使反应更为明显，可加入少量含胍基的化合物，如肌酸等。

柠檬酸盐实验是用来检测柠檬酸盐是否被利用的实验。有些细菌能够利用柠檬酸钠作为碳源，如产气肠杆菌；而另一些细菌则不能利用柠檬酸盐，如大肠杆菌。细菌在分解柠檬酸盐及培养基中的磷酸铵后，产生碱性化合物，使培养基的 pH 升高，当加入 1％溴麝香草酚蓝指示剂时，培养基就会由绿色变为深蓝色。溴麝香草酚蓝的指示范围为：pH 小于 6.0 时呈黄色，pH 在 6.0～7.0 时为绿色，pH 大于 7.6 时呈蓝色。

硫化氢实验是检测硫化氢的产生，也是用于肠道细菌检查的常用生化实验。有些细菌能分解含硫的有机物，如胱氨酸、半胱氨酸、甲硫氨酸等产生硫化氢，硫化氢一遇培养基中的铅盐或铁盐等，就形成黑色的硫化铅或硫化铁沉淀物。

以半胱氨酸为例，其化学反应过程如下：

$$CH_2SHCHNH_2COOH + H_2O \longrightarrow CH_3COCOOH + H_2S\uparrow + NH_3\uparrow$$
$$H_2S + Pb(CH_3COO)_2 \longrightarrow PbS\downarrow + 2CH_3COOH$$
$$（黑色）$$

大肠杆菌为阴性，产气肠杆菌为阳性。

三、试剂与材料

1. 菌种

大肠杆菌，产气肠杆菌。

2. 培养基

蛋白胨水培养基，葡萄糖蛋白胨水培养基，柠檬酸盐斜面培养基，醋酸铅培养基。

在配制柠檬酸盐斜面培养基时，其 pH 不要偏高，以浅绿色为宜，吲哚实验中用的蛋白胨水培养基中宜选用色氨酸含量高的蛋白胨，如用胰蛋白酶水解酪素得到的蛋白胨较好。

3. 试剂

甲基红指示剂，40％KOH，5％ α-萘酚，乙醚，吲哚试剂等。

四、实验方法

1. 接种与培养

① 用接种针将大肠杆菌、产气肠杆菌分别穿刺接入 2 支醋酸铅培养基中（硫化氢实验），置 37℃培养 48h。

② 将上述二菌分别接种于 2 支蛋白胨水培养基（吲哚实验）、2 支

葡萄糖蛋白胨水培养基（甲基红实验和伏-普实验）、2 支柠檬酸盐斜面培养基和 2 支醋酸铅培养基中，置 37℃培养 2d。

2. 结果观察

① 硫化氢实验　培养 48h 后观察黑色硫化铅的产生。

② 吲哚实验　于培养 2d 后的蛋白胨水培养基内加 3～4 滴乙醚，摇动数次，静置 1～3min，待乙醚上升后，沿试管壁徐徐加入 2 滴吲哚试剂，在乙醚和培养物之间产生红色环状物为阳性反应。

③ 甲基红实验　培养 2d 后，将 1 支葡萄糖蛋白胨水培养基内加入甲基红指示剂 2 滴，培养基变为红色者为阳性，变黄色者为阴性。

注意：甲基红试剂不要加得太多，以免出现假阳性反应。

④ 伏-普实验　培养 2d 后，将另一支葡萄糖蛋白胨水培养基内加入 5～10 滴 40％KOH，然后加入等量的 5％α-萘酚溶液，用力振荡，再放入 37℃恒温箱中保温 15～30min，以加快反应速度。培养物呈红色者，为伏-普反应阳性。

⑤ 柠檬酸盐实验　培养 48h 后，观察柠檬酸盐斜面培养基上有无细菌生长和是否变色。蓝色为阳性，绿色为阴性。

五、结果与分析

将实验结果填入表 22-1。"＋"表示阳性，"－"表示阴性。

表 22-1　不同菌种 IMViC 实验结果

菌　名	IMViC 实验				硫化氢实验
	吲哚实验	甲基红实验	伏-普实验	柠檬酸盐实验	
大肠杆菌					
产气肠杆菌					
对照					

六、思考题

① 讨论 IMViC 实验在医学检验上的意义。

② 解释在细菌培养中吲哚检测的化学原理。为什么在这个实验中用吲哚的存在作为色氨酸活性的指示剂，而不用丙酮酸？

③ 为什么大肠杆菌是甲基红反应阳性，而产气肠杆菌为阴性？这

个实验与伏-普实验最初底物与最终产物有何异同处？为什么会出现不同？

④ 说明在硫化氢实验中醋酸铅的作用，可以用哪种化合物代替醋酸铅？

实验二十三 厌氧微生物的培养

一、实验目的

① 掌握培养厌氧微生物的方法；
② 了解厌氧微生物生长的特性。

二、实验原理

厌氧微生物绝大多数为细菌，很少数是放线菌，极少数是支原体，厌氧真菌尚见于个别的报道。厌氧微生物在自然界中分布广泛。人类生活的环境和人体本身就生存有种类众多的厌氧微生物，它们与人类的关系密切。

厌氧生物处理是指在缺分子态氧的条件下通过厌氧微生物（包括兼氧微生物）的作用，将废水中的有机物分解转化成 CH_4 和 CO_2 等物质。

厌氧消化过程中的主要微生物：

1. 发酵细菌（产酸细菌）

发酵产酸细菌的主要功能有两种：①水解，在胞外酶的作用下，将不溶性有机物水解成可溶性有机物；②酸化，将可溶性大分子有机物转化为脂肪酸、醇类等。

2. 产氢产乙酸细菌

产氢产乙酸细菌的主要功能是将各种高级脂肪酸和醇类氧化分解为乙酸和 H_2，为产甲烷细菌提供合适的基质，在厌氧系统中常常与产甲烷细菌处于共生互营关系。

3. 产甲烷细菌

产甲烷细菌的主要功能是将产氢产乙酸细菌的产物——乙酸和 H_2

转化为 CH_4 和 CO_2，使厌氧消化过程得以顺利进行。产甲烷细菌主要可分为两大类：乙酸营养型和 H_2 营养型产甲烷细菌，或称为嗜乙酸产甲烷细菌和嗜氢产甲烷细菌。一般来说，在自然界中乙酸营养型产甲烷细菌的种类较少，只有 *Methanosarcina*（产甲烷八叠球菌）和 *Methanothrix*（产甲烷丝状菌）。但这两种产甲烷细菌在厌氧反应器中居多，特别是后者。因为在厌氧反应器中乙酸是主要的产甲烷基质，一般来说有 70% 左右的甲烷是来自乙酸的氧化分解。

三、试剂与器材

丙酮丁醇梭菌（*Clostridium acetobutylicum*）、产气荚膜梭菌（*Clostridium perfringens*）。

RCM 培养基（即强化梭菌培养基）、TYA 培养基、玉米醪培养基、中性红培养基、明胶麦芽汁培养基。

$CaCO_3$，焦性没食子酸（即邻苯三酚），Na_2CO_3，NaOH 溶液，0.5% 美蓝水溶液，6% 葡萄糖水溶液，钯粒（A 型），$NaBH_4$，KBH_4，$NaHCO_3$，柠檬酸。

带塞或塑料帽玻璃管（直径 18～20mm，长 180～200mm），1mL 血浆瓶，250mL 血浆瓶，20mL 和 50mL 针筒，试管，厌氧罐，厌氧袋（不透气的无毒复合透明薄膜塑料袋，14cm×32cm），培养皿，真空泵，带活塞干燥器，氮气钢瓶。

四、实验方法

（一）真空干燥器厌氧培养法

此法不适用于培养需要 CO_2 的微生物。此法是在干燥器内使焦性没食子酸与氢氧化钠溶液发生反应而吸氧，形成无氧的小环境而使厌氧菌生长。

1. 培养基准备与接种

将 3 支装有玉米醪培养基或 RCM 培养基的大试管放在水浴中煮沸 10min，以赶出其中溶解的氧气，迅速冷却后（切勿摇动）将其中 2 支试管分别接种丙酮丁醇梭菌和产气荚膜梭菌。

2. 干燥器准备与抽气

在带活塞的干燥器内底部，预先放入焦性没食子酸粉末 20g 和斜放盛有 200mL 10％ NaOH 溶液的烧杯。将接种有厌氧菌的培养管放入干燥器内。在干燥器口上涂抹凡士林，密封后接通真空泵，抽气 3～5min，关闭活塞。轻轻摇动干燥器，促使烧杯中的 NaOH 溶液倒入焦性没食子酸中，两种物质混合发生吸氧反应，使干燥器中形成无氧小环境。

3. 观察结果

将干燥器置于 37℃ 恒温箱中培养约 7d，取出培养管，分别制片观察菌体特征。

（二）深层穿刺厌氧培养法

此法操作简单，适用于一般厌氧微生物的活化和分离培养，但不能用于扩大培养。

1. 接种培养

将玻璃管一头塞上橡胶塞，装入培养基（RCM 培养基或 TYA 培养基）的高度为管长的 2/3，套上塑料帽或橡皮塞，灭菌并凝固后，将丙酮丁醇梭菌用接种针穿刺接种，置 37℃ 恒温箱中培养 6～7d。

2. 观察结果

观察菌落形态特征并制片于显微镜下观察菌体的细胞形态，并记录结果。

（三）针筒厌氧培养法

此法适用于活化厌氧菌和小体积的扩大培养。

1. 培养基准备

将灭菌的装有 RCM 培养基或 TYA 培养基的血浆瓶放在沸水浴中加热 10min，在瓶口胶塞上插上 2 枚医用针头排气，以赶出残留在培养基内的氧气。随后将血浆瓶从沸水浴中取出，再用氮气钢瓶中的高纯氮气（99.99％）通过胶塞上的一枚针头引入血浆瓶中，使血浆瓶内充满氮气，瓶内培养基在冷却过程中保持无氧状态。

2. 针筒装灌培养基

将灭菌的针筒接上针头经胶塞刺入血浆瓶中，先利用瓶内氮气的压力将针筒的推杆慢慢推开，待吸入一定体积的氮气后取下针筒，排尽针筒内的气体。按此重复操作 3 次，以排尽针筒内的残留空气而维持无氧状态。使血浆瓶口朝下倾斜，利用瓶内压力将培养液缓慢注入针筒内，然后取下针筒，用经灭菌的带孔橡皮塞迅速把针筒头部塞住。

3. 接种培养

采用无菌操作以菌种液针筒将菌穿刺接入培养液针筒中，置 37℃ 恒温培养，用于菌种活化可培养 16～18h，用于测定菌体生长可培养 6～7d。

4. 观察结果

取菌制片观察。

（四）厌氧罐培养法

此法利用透明的聚碳酸酯硬质塑料制成的一种小型罐状密封容器，采用抽气换气法充入氢气，利用钯作催化剂与罐内氧气发生作用达到除氧的目的，同时充入 10%（体积分数）的 CO_2 以促进某些革兰氏阴性厌氧菌的生长。

其实验操作过程如下：

1. 制备厌氧度指示剂管

取 3mL 0.5% 美蓝水溶液用蒸馏水稀释至 100mL；6mL 0.1mol/L NaOH 溶液用蒸馏水稀释至 100mL；6g 葡萄糖加蒸馏水至 100mL。将上述 3 种溶液等体积混合，并用针筒注入安瓿内 1mL，沸水浴加热至无色，立即封口即成。取一根直径 1cm、长 8cm 的无毒透明塑料软管，将装有美蓝指示剂的安瓿置于软管中，制成美蓝厌氧度指示剂管。

2. 培养基准备与接种

将制成无菌无氧的 RCM 培养基或 TYA 培养基平板，无菌操作迅速划线接种丙酮丁醇梭菌或产气荚膜梭菌，并立即将平皿倒置放入已准备好的厌氧罐中，同时放入一支美蓝厌氧度指示剂管。随后及时旋紧罐盖，达到完全密封。

3. 抽气换气

将真空泵接通厌氧罐抽气接口，抽真空至表指针在 0.09～0.093MPa（680～700mmHg）时，关闭抽气口活塞，用止血钳夹住抽气橡皮管。打开氮气钢瓶气阀向厌氧罐内充入氮气，当真空表指针返回到零位时终止充氮。再接上述步骤抽气和充入氮气，如此重复 2～3 次，使罐中氧的含量达最低度。最后充入的氮气使真空表指针达 0.02MPa（约 160mmHg）时停止充氮气。再开启 CO_2 钢瓶阀门，向罐内充入 CO_2 直至真空表指针达到 0.011MPa（约 80mmHg）时停止。为除尽罐内残留的氧，以氢气袋（用医用"氧气袋"灌满氢气）气管连接向厌氧罐内充入氢气直至真空表指针回到零位为止。充气完毕，封闭厌氧罐（见图 23-1）。

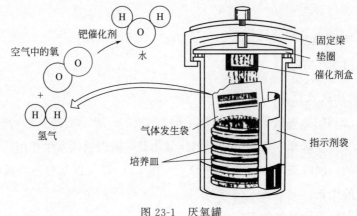

图 23-1　厌氧罐

4. 恒温培养

将厌氧罐置于 37℃恒温箱中培养 6～7d，注意罐中厌氧指示剂的颜色变化。

5. 观察结果和镜检

从罐内取出平皿，观察菌落特征。挑取菌落作涂片，用结晶紫染液染色，镜检，比较不同菌的菌体细胞形态特征，并作记录。

（五）厌氧袋培养法

厌氧袋除氧是利用硼氢化钠与水反应产生氢，在催化剂钯的作用下，氢与袋中氧结合生成水达到除氧目的，除氧效果可从袋中厌氧度指示剂观察。同时，利用柠檬酸与碳酸氢钠的作用产生 CO_2，以有利于需要 CO_2 的厌氧菌的生长。

1. 厌氧袋

选用无毒复合透明薄膜塑料，采用塑膜封口机或电热法烫制成 20cm×40cm 的塑料袋。

2. 产气管

取一根无毒塑料软管（直径 2.0cm，长 20cm），管壁制成小孔，一端封实。天平称取 0.4g $NaBH_4$ 和 0.4g $NaHCO_3$，用擦镜纸包成小包，塞入软管底部，其上放入 3 层擦镜纸，将装有 5％柠檬酸溶液 3mL 的安瓿塞入塑料管中，管口塞上有缺口的泡沫塑料小塞，即制成产气管。

3. 厌氧度指示剂管

取一根无毒透明塑料软管（直径 2cm，长 10cm）。量取 0.5％美蓝水溶液 3mL，用蒸馏水稀释至 100mL；取 0.1mol/L NaOH 溶液 6mL，用蒸馏水稀释至 100mL；称取 6g 葡萄糖加蒸馏水稀释成 100mL。将上述 3 种溶液等量混合后取 2mL 装入安瓿，经沸水浴加热至无色后立即封口，即为厌氧度指示剂管。

4. 催化剂和吸湿剂

将催化剂钯粒（A 型）10～20 粒加热活化，随后装入带孔的小塑料硬管内，制成钯粒催化剂管。取变色硅胶少许，用滤纸包好塞入带孔塑料管内，为吸湿剂管。

5. 培养基准备和接种

将灭菌的中性红培养基和 $CaCO_3$ 明胶麦芽汁培养基分别在沸水浴中煮沸 10min，以赶出其中溶解的氧，冷却至 50℃左右倒平板，冷凝后接种丙酮丁醇梭菌。随后立即将平皿放入厌氧袋中，每袋可倒置平放 3 个平皿。

6. 封袋除氧和培养

将产气管、厌氧度指示剂管、钯粒催化剂管和吸湿剂管分别放入袋中平皿两边，尽量赶出袋中空气，用宽透明胶带将袋口封住，用一根 1cm 宽、与袋口宽等长的有机玻璃条或小木条将袋口卷折 2～3 层，用夹子夹紧，严防漏气。使袋口倾斜向上，随后隔袋折断产气管中的安瓿管颈，使试剂反应产生 H_2 和 CO_2，H_2 在钯粒催化下与袋内 O_2 化合生成水。经 5～10min 左右，钯粒催化管处升温发热，生成少量水蒸气。在折断产气管半小时后，隔袋折断厌氧度指示剂管中的安瓿管颈，观察指示剂不变蓝，表明袋内已形成厌氧环境。此时将厌氧袋转入 37℃恒温箱中培养 6～7d。

7. 观察结果和镜检

从袋中取出平皿观察菌落特征。丙酮丁醇梭菌在中性红平板上显示黄色菌落，挑取典型单菌落涂片染色后进行镜检，观察菌体细胞形态特征，并作记录。

【注意事项】

① 培养需要 CO_2 的厌氧菌时，须在厌氧小环境中供应 CO_2。

② 焦性没食子酸对人体有毒，有可能通过皮肤吸收；10％NaOH 对皮肤有腐蚀作用，因此操作时必须小心。

③ 氢气是危险易爆气体，使用氢气钢瓶充氢时，应严格按操作规程进行，切勿大意，严防事故。

④ 选用干燥器、针筒、厌氧罐或厌氧袋时，应事先仔细检查其密封性能，以防漏气。

⑤ 已制备灭菌的培养基在接种前应在沸水浴中煮沸 10min，以消除溶解在培养基中的氧气。

⑥ 产气荚膜梭菌为条件致病菌，防止进入口中和沾上伤口。

五、结果与分析

① 实验中选用厌氧培养法的培养结果见表 23-1。

表 23-1　厌氧培养法的培养结果

培养方法	菌种名称	菌落形态特征		液体培养特征	备注
		菌落大小、形状、颜色、光滑度、透明度、气味	菌体形态有无芽孢、芽孢形状、碘液染色		

② 试比较以上厌氧培养方法的优缺点，并分析其成功的关键。

六、思考题

① 根据微生物与氧的关系，可将微生物分为哪几大类？

② 请设计一个实验方案，从土壤中分离、纯化和培养出厌氧菌。

③ 专性厌氧微生物为什么在有氧的条件下不能生长？

④ 试设计一实验，测定酵母菌或霉菌与氧的关系。

⑤ 试举例说明研究厌氧菌的实际意义。

实验二十四　质粒 DNA 的提取

一、实验目的

① 了解质粒 DNA 提取的原理；

② 掌握碱裂解法提取质粒 DNA 的原理和方法。

二、实验原理

质粒主要发现于细菌、放线菌和真菌细胞中，是独立于染色体之外的、能自主复制的双链环状脱氧核糖核酸物质。质粒的存在使宿主具有一些额外的特性，如对抗生素的抗性等。F 质粒（又称 F 因子或性质粒）、R 质粒（耐药性因子）和 Col 质粒（产大肠杆菌素因子）等都是常见的天然质粒。质粒能稳定地独立存在于染色体外，并传递到子代，一般不整合到宿主染色体上。现在常用的质粒大多数是经过改造或人工构建的，常含抗生素抗性基因，是重组 DNA 技术中重要的工具。

质粒 DNA 的提取主要是用非离子型或离子型去污剂、有机溶剂或碱进行处理及用加热处理。提取方法主要有碱裂解法、煮沸裂解法、苯酚氯仿抽提法。

碱裂解法的基本原理：十二烷基磺酸钠（SDS）可使细胞膜裂解。经 SDS 处理后，细菌染色体 DNA 会缠绕附着在细胞碎片上，同时由于细菌染色体 DNA 比质粒大得多，易受机械力和核酸酶等的作用而被切断成不同大小的线性片段。当用强热或酸、碱处理时，细菌的线性染色体 DNA 变性，而共价闭合环状 DNA（covalently closed circular DNA，简称 cccDNA）的两条链不会相互分开。当外界条件恢复正常时，线状染色体 DNA 片段难以复性，而是与变性的蛋白质和细胞碎片缠绕在一起，而质粒 DNA 双链又恢复原状，重新形成天然的超螺旋分子，并以溶解状态存在于液相中。

三、试剂与器材

1. LB 液体培养基

溶液 Ⅰ：50mmol/L 葡萄糖，25mmol/L Tris-HCl（pH 8.0），10mmol/L EDTA（pH 8.0）。（溶液Ⅰ可成批配制，每瓶 100mL，高压灭菌 15min，储存于 4℃冰箱中。溶液Ⅰ为重悬细菌；葡萄糖密度大，使细菌不易沉淀；Tris-HCl 为缓冲体系；EDTA 为螯合金属离子。）

溶液 Ⅱ：0.2mol/L NaOH（临用前用 10mol/L NaOH 母液稀释），1%SDS。（溶液Ⅱ——破膜，变性基因组 DNA 和蛋白质；SDS——破膜作用，变性蛋白质；NaOH——破膜，变性基因组 DNA。）

溶液Ⅲ：5mol/L KAc 60mL，冰醋酸 11.5mL，H_2O 28.5mL，定容至 100mL，并高压灭菌。溶液终浓度为：K^+ 3mol/L，Ac^- 5mol/L。（溶液Ⅲ——中和溶液，复性质粒 DNA。）

2. 试剂

苯酚/氯仿，TE 缓冲液。

3. 器材

eppendorf 管。

四、实验方法

① 将含有质粒的 DNA 细菌在 LB 液体培养基中培养过夜。取 1.5mL LB 培养液倒入 1.5mL eppendorf 管中，4℃下 12000g 离心 30s。

② 弃上清液，将管倒置于卫生纸上数分钟，使液体流尽。

③ 菌体沉淀重悬浮于 100μL 溶液Ⅰ中（须剧烈振荡）。

④ 加入新配制的溶液Ⅱ 200μL，盖紧管口，快速温和颠倒 eppendorf 管数次，以混匀内容物（千万不要振荡），冰浴 2min。

⑤ 加入 150μL 预冷的溶液Ⅲ，盖紧管口，颠倒混匀，冰浴中 5～10min，4℃下 12000g 离心 5～10min。

⑥ 将上清液（450μL）移入干净 eppendorf 管中，加入等体积的饱和酚（1∶1），充分颠倒混匀，4℃下 12000g 离心 10min。

⑦ 将水相（400μL）移入干净 eppendorf 管中，加入等体积苯酚/氯仿，颠倒混匀，12000r/min 离心 10min。

⑧ 将水相（350μL）移入干净 eppendorf 管中，加入 2 倍体积的无水乙醇，振荡混匀后置于−20℃冰箱中 20min，然后 4℃下 12000g 离心 10min。

⑨ 弃上清液，将管口敞开倒置于卫生纸上使所有液体流出，加入 0.5mL 70％乙醇洗沉淀一次，4℃下 12000g 离心 5～10min。

⑩ 吸除上清液，将管倒置于卫生纸上使液体流尽，真空干燥 10min 或室温干燥。

⑪ 将沉淀溶于 10μL TE 缓冲液（pH 8.0，含 20μg/mL RNase A）中，储于−20℃冰箱中。

五、结果与分析

如图 24-1 所示，对质粒完整性进行电泳鉴定［其中超螺旋结构泳动最快（SC）；其次为线性结构（L）；最慢的可能是复制中间体（OC，没有复制完的两个质粒连在一起）。]

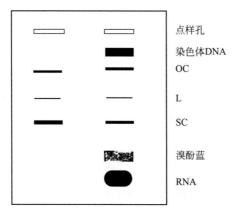

点样孔
染色体DNA
OC
L
SC
溴酚蓝
RNA

图 24-1　质粒 DNA 电泳检测图

六、思考题

① 试分析在质粒 DNA 提取过程中影响其产量以及质量的因素，并简述原因。

② 试述质粒 DNA 的应用。

实验二十五　16S rDNA 序列鉴定细菌种类实验

一、实验目的

① 掌握 16S rDNA 对细菌进行分类的原理及方法；

② 掌握细菌基因组 DNA 提取、PCR、DNA 片段回收等实验操作的原理及方法。

二、实验原理

细菌 rRNA（核糖体 RNA）按沉降系数分为 3 种，分别为 5S rRNA、16S rRNA 和 23S rRNA。16S rDNA 在细菌染色体上编码 16S rRNA 相对应的 DNA 序列，存在于所有细菌染色体基因中。

16S rDNA 鉴定是指用利用细菌 16S rDNA 序列测序的方法对细菌进行种属鉴定，包括细菌基因组 DNA 提取、16S rDNA 特异引物 PCR 扩增、扩增产物纯化、DNA 测序、序列比对等步骤，是一种快速获得细菌种属信息的方法。

16S rDNA 是细菌的系统分类研究中最有用的和最常用的分子钟，其种类少，含量大（约占细菌 DNA 含量的 80%），分子大小适中，存在于所有的生物中，其进化具有良好的时钟性质，在结构与功能上具有高度的保守性，素有"细菌化石"之称。在大多数原核生物中 rDNA 都具有多个拷贝，5S rRNA、16S rRNA、23S rDNA 的拷贝数相同。16S rDNA 由于大小适中，约 1.5kb，既能体现不同菌属之间的差异，又能利用测序技术较容易地得到其序列，故被细菌学家和分类学家接受。

16S rRNA 的编码基因是 16S rDNA，但是要直接将 16S rRNA 提取出来很困难，因为其易被广泛存在的 RNase 降解，因而利用 16S rDNA 鉴定细菌，其技术路线如图 25-1 所示。

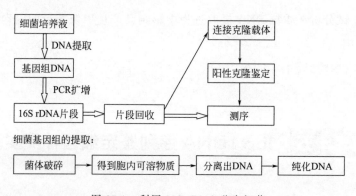

图 25-1   利用 16S rDNA 鉴定细菌

PCR 技术的基本原理类似于 DNA 的天然复制过程，其特异性依赖于与靶序列两端互补的寡核苷酸引物。PCR 由变性—退火—延伸三个基本反应步骤构成。

① 模板 DNA 的变性。经加热至 93℃ 左右一定时间后，模板 DNA 双链或经 PCR 扩增形成的双链 DNA 解离，使之成为单链，以便它与引物结合，为下轮反应作准备。

② 模板 DNA 与引物的退火（复性）。模板 DNA 经加热变性成单链后，温度降至 55℃ 左右，引物与模板 DNA 单链的互补序列配对

结合。

③ 引物的延伸。DNA 模板-引物结合物在 TaqDNA 聚合酶的作用下，以 dNTP 为反应原料，靶序列为模板，按碱基配对与半保留复制原理，合成一条新的与模板 DNA 链互补的半保留复制链。重复循环变性—退火—延伸三过程，就可获得更多的"半保留复制链"，而且这种新链又可成为下次循环的模板。

三、试剂与器材

1. 菌种
未知菌。

2. 试剂
DNA 快速提取试剂：PrepMan Ultra；琼脂糖。

PCR 试剂：Taq 酶，$10 \times$ Taq 缓冲液（Mg^{2+}），dNTPs，ddH_2O 等，ExoSAP-IT。

测序试剂：BigDye Terminator，$5 \times$ Sequencing Buffer。BigDye XTerminator Purification Kit。

3. 器材
移液器吸头：1000μL、200μL、10μL。离心管：1.5mL、200μL。

Micro Amp^{TM} Optical 96-Well Reaction Plate；Micro Amp^{TM} Optical Adhesive Film。

移液器：1000μL、200μL、100μL、10μL。

涡旋振荡器；Eppendorf MixMate；离心机；水浴锅；电泳仪；制冰机；低温冰箱。

PCR 仪：Veriti 96-Well Thermal Cycler。

凝胶成像仪：VersaDoc MP 4000。

基因分析仪：AB3500、AB3130。

四、实验方法

1. 细菌基因组 DNA 提取
① 1.5mL 菌液（每组两管）4℃ 12000r/min 离心 30s，弃去上清

液，将试管倒置于吸水纸上吸干。

② 每管加入 400μL 裂解液，用移液枪枪头反复抽吸辅助裂解，37℃水浴 30min。

③ 每管加入 132μL 的 5mol/L NaCl 溶液，颠倒试管，充分混匀后，13000r/min 离心 15min。用粗口的枪头（用剪刀剪去 1mL 枪头的尖端）小心取出上清液转到两支新的 eppendorf 管中。

④ 加入等体积的饱和苯酚/氯仿，充分混匀后，12000r/min 离心 3min，离心后的水层如混浊则说明仍含有蛋白质，则须将上清液转入新的试管，重复上述步骤直到水层透明，水层和酚层之间不再有白色沉淀物为止（约 2 次）。

⑤ 将上层清液转入新的 eppendorf 管中，加等体积的氯仿，混匀后 13000r/min 离心 3min，除去苯酚。

⑥ 小心吸出上清液转入新的 eppendorf 管中，用预冷的两倍体积的无水乙醇沉淀，放置于 −20℃ 冰箱 30min，然后 13000r/min 离心 15min，可见白色丝状沉淀物。

⑦ 小心吸出液体，弃上清液，用预冷的 400μL 70％乙醇洗涤 2 次，室温干燥后，用 50μL TE 缓冲液（含 20μg/mL 的 RNase A）溶解 DNA，于 −20℃冰箱放置备用。

2. PCR 扩增

（1）引物设计　见表 25-1。

表 25-1　16S rDNA PCR 扩增引物设计

16S rDNA	名　称	序　列	扩增长度
第 1 部分	正向引物 27F	5'-AGA GTT TGA TCC TGG CTC AG-3'	500bp 左右
	反向引物 519R	5'-GWA TTA CCG CGG CKG CTG-3'	
第 2 部分	正向引物 357F	5'-CTC CTA CGG GAG GCA GCA G-3'	750bp 左右
	反向引物 1115R	5'-AGG GTT GCG CTC GTT GC-3'	
第 3 部分	正向引物 926F	5'-AAA CTY AAA KGA ATT GAC GG-3'	560bp 左右
	反向引物 1492R	5'-TAC GGC TAC CTT GTT ACG ACT T-3'	

注：其中 Y=C：T，K=G：T，S=G：C，W=A：T，均 1：1。

（2）PCR 反应体系　见表 25-2。

表 25-2　PCR 反应体系

试　剂	使用量（25μL 体系）
模板 DNA	2μL(10～100ng)
Taq 酶(5U/μL)	0.2μL
10×Taq 缓冲液(Mg^{2+})	2.5μL
dNTPs(各 2.5mmol/L)	2μL
引物 F(1μmol/L)	5μL
引物 R(1μmol/L)	5μL
ddH$_2$O	8.3μL

注：DNA 模板量通常在 100ng 以下，必要时可进行梯度稀释，确定最佳的 DNA 模板使用量。PCR 反应体系应在冰中配制，然后置于冰箱中冷却 3～5min，最后放于 PCR 仪上进行反应，这种冷启动法可增强 PCR 扩增的特异性。

（3）PCR 反应条件

$$94℃：10min$$
$$\left.\begin{array}{l}94℃：30s\\58℃：30s\\72℃：45s\end{array}\right\}30 个循环$$
$$72℃：5min$$
$$4℃： ∞$$

3. 电泳

称取 1g 琼脂糖置于 100mL TAE 电泳缓冲液中，加热溶化，待温度降至 60℃左右时，均匀铺板，制成 1% 的琼脂糖凝胶。PCR 反应结束后，加样，以 100V 电压进行琼脂糖凝胶电泳。电泳结束后，染色，用凝胶成像仪观察，拍照，记录实验结果。

4. 产物纯化

每 5μL PCR 产物加入 2μL ExoSAP-IT 试剂，混匀。放入 PCR 仪中，37℃温育 15min，80℃温育 15min。纯化后的 PCR 产物作为下一步测序反应的模板。

5. 测序反应

（1）测序反应体系　见表 25-3。

表 25-3　测序反应体系

试　　　剂	使用量（10μL 体系）
模板 DNA	1μL
引物（1μmol/L）	1.6μL
BigDye XTerminator	1μL
5×Sequencing 缓冲液	1μL
ddH$_2$O	5.4μL

（2）测序反应条件

$$96℃：2min$$
$$\left.\begin{array}{l} 96℃：30s \\ 55℃：15s \\ 60℃：4min \end{array}\right\} 30 个循环$$
$$4℃：\infty$$

（3）测序反应纯化（BigDye XTerminator Purification Kit）　每管加入 27μL SAM Solution 和 6μL BigDye XTerminator Solution，放在 Eppendorf MixMate 上 2000r/min 振荡 30min。在离心机上以 1000g 离心 2min。每管吸取 10μL 上清液于 96 孔板中，放入测序仪中测序。

6. 序列比对

基因测序仪得到的测序结果，在 MicroSEQ 微生物鉴定系统中进行比对，得到菌种的种属信息。

【注意事项】

① 提取细菌基因组 DNA 时，对于细胞壁比较薄的革兰氏阴性细菌，可挑取一菌环菌株，置于 100μL ddH$_2$O 中，混匀，沸水热变性 10min 后，离心 3min 分离，稀释 50 倍后作为 PCR 模板。必要时做梯度 PCR 确认最佳的模板量。

② 在 PCR 及测序反应时，为了保证酶的活性，整个体系应在冰中配制；然后置于低温冰箱中冷却 3～5min，最后放于 PCR 仪上进行反应，这种冷启动法可增强 PCR 扩增的特异性。

③ 16S rDNA 序列的前 500bp 序列变化较大，包含有丰富的细菌种

属的特异性信息，所以对于绝大多数菌株来说，只需要第一对引物测前 500bp 序列即可鉴别出细菌的菌属。针对科学论文发表或是前 500bp 无法鉴别的情况，需要进行 16S rDNA 的全序列扩增和测序，得到较为全面的 16S rDNA 的序列信息。

五、结果与分析

鉴定未知菌种的种属信息。

六、思考题

① 简要叙述苯酚氯仿抽提 DNA 体系后出现的现象及其成因。

② 沉淀 DNA 时为什么要用无水乙醇？

③ 根据实验过程分析如何保证鉴定结果的准确性。

第五章 ▶▶ 农业微生物应用实验

实验二十六 乳酸发酵与乳酸菌饮料制作

一、实验目的

① 掌握从新鲜酸乳中分离乳酸菌的原理与方法，学习制作乳酸菌饮料的方法；

② 了解乳酸菌的生长特性。

二、实验原理

乳酸发酵指糖经无氧酵解而生成乳酸的发酵（lactic fermentation，fermentation of lactic acid），与乙醇发酵同为生物体内两种主要的发酵形式。在动物组织中，除特殊的内脏外，几乎所有的组织都具有进行这种发酵的性质，此过程称为糖酵解。乳酸细菌能利用葡萄糖及其他相应的可发酵性糖产生乳酸，称为乳酸发酵；除极少数细菌外，其中绝大部分都是人体内必不可少的且具有重要生理功能的菌群。

葡萄糖进入细胞内后，在细胞液中通过 EMP 途径被分解为丙酮酸，丙酮酸在乳酸脱氢酶的作用下直接脱氢形成目标产物——L-乳酸，其反应式如下：

$$2C_6H_{12}O_6 \longrightarrow 3C_3H_6O_3 + C_2H_5OH + CO_2$$

酸奶，一般指酸牛奶，它是以新鲜的牛奶为原料，经过巴氏杀菌后再向牛奶中添加有益菌（发酵剂），经发酵后，再冷却灌装的一种牛奶制品。目前，市场上酸奶制品多以凝固型、搅拌型和添加各种果汁果酱等辅料的果味型为多，一般添加有保加利亚乳杆菌、嗜热链球菌和嗜酸乳杆菌等益生菌种。这些菌种可用培养基进行分离纯化。

三、试剂与器材

嗜热乳酸链球菌（*Streptococcus thermophilus*）、保加利亚乳杆菌（*Lactobacillus bulgaricus*），乳酸菌种也可以从市场销售的各种新鲜酸乳或酸乳饮料中分离。

BCG 牛乳培养基、乳酸菌培养基、脱脂乳试管（见注）、脱脂乳粉或全脂乳粉、鲜牛奶、蔗糖、碳酸钙。

恒温水浴锅、酸度计、高压蒸汽灭菌锅、超净工作台、恒温箱、酸乳瓶（200~280mL）、培养皿、试管、500mL 锥形瓶。

四、实验方法

（一）乳酸菌的分离纯化

1. 分离

取市售新鲜酸乳稀释至 10^{-5}，取其中的 10^{-4}、10^{-5} 两个稀释度的稀释液各 0.1~0.2mL，分别接入 BCG 牛乳培养基琼脂平板上，用无菌涂布器依次涂布（见图 26-1）；或者直接用接种环蘸取原液平板划线分离，置 40℃培养 48h，如出现圆形稍扁平的黄色菌落及其周围培养基变为黄色者初步定为乳酸菌。

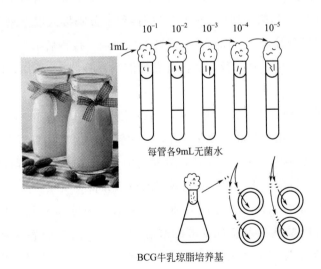

图 26-1　新鲜酸乳稀释涂布

2. 鉴别

选取乳酸菌典型菌落转至脱脂乳试管中，40℃培养 8～24h。若牛乳出现凝固，无气泡，呈酸性，涂片镜检细胞杆状或链球状（两种形状的菌种均分别选入），革兰氏染色呈阳性，则可将其连续传代 4～6 次，最终选择出在 3～6h 能凝固的牛乳管，作菌种待用。

（二）乳酸发酵及检测

1. 发酵

在无菌操作下将分离的 1 株乳酸菌接种于装有 300mL 乳酸菌培养液的 500mL 锥形瓶中，40～42℃静置培养。

2. 检测

为了便于测定乳酸发酵情况，实验分 2 组。一组在接种培养后，每 6～8h 取样分析，测定 pH 值；另一组在接种培养 24h 后每瓶加入 $CaCO_3$ 3g（以防止发酵液过酸使菌种死亡），每 6～8h 取样，测定乳酸含量（方法见注），记录测定结果。

（三）乳酸菌饮料的制作

① 将脱脂乳粉和水以 1：（7～10）（质量比）的比例，同时加入 5%～6%蔗糖，充分混合，于 80～85℃灭菌 5～10min，然后冷却至 35～40℃，作为制作饮料的培养基质。

② 将纯种嗜热乳酸链球菌、保加利亚乳酸杆菌及两种菌的等量混合菌液作为发酵剂，均以 2%～5%的接种量分别接入以上培养基质中即为饮料发酵液，亦可以市售鲜酸乳为发酵剂。接种后摇匀，分装到已灭菌的酸乳瓶中，每一种菌的饮料发酵液重复分装 3～5 瓶，随后将瓶盖拧紧密封。

③ 把接种后的酸乳瓶置于 40～42℃恒温箱中培养 3～4h。培养时注意观察，在出现凝乳后停止培养，然后转入 4～5℃的低温下冷藏 24h 以上。经此后熟阶段，达到酸乳酸度适中（pH 4～4.5），凝块均匀致密，无乳清析出，无气泡，获得较好的口感和特有风味。

④ 以品尝为标准评定酸乳质量。采用乳酸球菌和乳酸杆菌等量混合发酵的酸乳与单菌株发酵的酸乳相比较，前者的香味和口感更佳。品尝时若出现异味，表明酸乳污染了杂菌。比较项目见表 26-1。

【注意事项】

① 采用 BCG 牛乳培养基琼脂平板筛选乳酸菌时，注意挑取典型特征的黄色菌落，结合镜检观察，有利于高效分离筛选乳酸菌。

② 制作乳酸菌饮料，应选用优良的乳酸菌，采用乳酸球菌与乳酸杆菌等量混合发酵，使其具有独特风味和良好口感。

③ 牛乳的消毒应掌握适宜温度和时间，防止长时间采用过高温度消毒而破坏酸乳风味。

④ 作为卫生合格标准还应按国家规定进行检测，如大肠菌群检测等。经品尝和检验，合格的酸乳应在 4℃ 条件下冷藏，可保存 6～7d。

五、结果与分析

乳酸发酵过程、检测结果及结果分析（表 26-1）。

表 26-1 乳酸菌单菌及混合菌发酵的酸乳品评结果

乳酸菌类	品评项目					结论
	凝乳情况	口感	香味	异味	pH 值	
球菌						
杆菌						
球菌杆菌混合(1:1)						

六、思考题

① 发酵酸乳为什么能引起凝乳？

② 为什么采用乳酸菌混合发酵的酸乳比单菌发酵的酸乳口感和风味更佳？

③ 试设计一个从泡菜中分离纯化乳酸菌的实验。

注：

（一）脱脂乳试管

直接选用脱脂乳液或按脱脂乳粉与 5% 蔗糖水以 1:10 的比例配制，装量以试管的 1/3 为宜，115℃ 灭菌 15min。

（二）乳酸检测方法

1. 定性测定

取酸乳上清液 10mL 于试管中，加入 10% H_2SO_4 1mL，再加 2% $KMnO_4$ 1mL，此时乳酸转化为乙醛，把事先在含氨的硝酸溶液中浸泡的滤纸条搭在试管口上，微火加热试管至沸，若滤纸变黑，则说明有乳酸存在，因为加热使乙醛挥发。

2. 定量测定

(1) 测定方法　取稀释10倍的酸乳上清液0.2mL，加至3mL pH 9.0的缓冲液中，再加入0.2mL NAD溶液，混匀后测定OD_{340nm}值为A_1，然后加入0.02mL L(＋)LDH，0.02 D(－)LDH，25℃保温1h后测定OD_{340nm}值为A_2。同时用蒸馏水代替酸乳上清液作对照，测定步骤及条件完全相同，测出的相应值为B_1和B_2。

(2) 计算公式

$$乳酸浓度(g/100mL) = \frac{V \times M \times \Delta\epsilon \times D}{1000 \times \epsilon \times l \times V_s}$$

式中　V——比色液最终体积(3.44mL)；

　　　M——乳酸的摩尔质量(90g/mol)；

　　　$\Delta\epsilon$——$(A_2 - A_1) - (B_2 - B_1)$；

　　　D——稀释倍数(10)；

　　　ϵ——NADH 在 340nm 的吸光系数$[6.3 \times 10^3 L/(mol \cdot cm)]$；

　　　l——比色皿的厚度(0.1cm)；

　　　V_s——取样体积(0.2mL)。

(3) 测定乳酸试剂的配制　见附录3。

3. 酸乳的检查指标

① 感官指标：酸乳凝块均匀细腻，色泽均匀无气泡，有乳酸特有的令人愉悦的气味。

② 合格的理化指标：如脂肪≥3%，乳总干物质≥11.5%，蔗糖≥5.00%，酸度70～110°T，Hg<0.01×10^{-6}mg/mL 等。

③ 无致病菌，大肠菌群≤40 个/100mL。

实验二十七　酒精发酵及糯米甜酒的酿制

一、实验目的

① 了解有益微生物用于甜酒酿的基本原理；

② 掌握酵母菌发酵糖产生酒精和酒曲发酵糯米配制糯米甜酒的方法。

二、实验原理

在无氧的培养条件下，酵母菌（或细菌）利用葡萄糖发酵生成酒精和二氧化碳，此过程即为酒精发酵，反应式为：

$$C_6H_{12}O_6 \longrightarrow 2C_2H_5OH + 2CO_2$$

通过对发酵醪液酒精含量的测定，可以判断酒精发酵的程度。

酵母菌在有氧和无氧条件下的糖代谢的产物不同（好氧条件下生成水和二氧化碳），无氧条件下产生酒精和 CO_2，所以在酒精发酵时要杜绝氧气，否则酒精产率下降。

糯米甜酒是我国传统的发酵食品，其产热量高，酒精度低，风味独特，具有良好的营养价值。由于酵母不能直接利用淀粉，因此大多数的甜酒酿是将糯米或大米经过蒸煮糊化，利用酒曲中的根霉和米曲霉等微生物将糊化后的淀粉糖化，将蛋白质水解成氨基酸，然后酒曲中的酵母菌利用糖化产物进行生长和繁殖，并通过糖酵解途径将糖转化成酒精，经长时间酿制而成的产品。随着发酵时间延长，甜酒酿中的糖分逐渐转化成酒精，因而糖度下降，酒精度提高，故适时结束发酵是保持甜酒酿口味的关键。

三、试剂与器材

培养的酿酒酵母（*Saccharomyces cerevisiae*）斜面菌种。

酒精发酵培养基、酒曲、蒸馏水、无菌水、糯米。

铝锅、电炉、锥形瓶、牛皮纸、棉绳、蒸馏装置、水浴锅、振荡器、酒精比重计。

四、实验方法

（一）酵母菌的酒精发酵

1. 培养基

将配制好的酒精发酵培养基分装入 300mL 锥形瓶中，每瓶 100mL，121℃湿热灭菌 20～30min。

2. 接种和培养

于培养 24h 的酿酒酵母斜面中加入无菌水 5mL，制成菌悬液。并吸取 1mL，接种于装有 100mL 培养基的锥形瓶中，一共接 2 瓶，其中

1 瓶于 30℃恒温静置培养，另 1 瓶置 30℃恒温振荡培养。

3. 酵母菌数目的计数

每隔 24h 取样，经 10 倍稀释后进行细胞计数（方法参阅"实验十八 微生物数量的测定"）。

4. 酒精蒸馏及酒精度的测定

取 60mL 已发酵培养 3d 的发酵液加至蒸馏装置的圆底烧瓶中，在水浴锅中 85～95℃下蒸馏。当开始流出液体时，准确收集 40mL 于量筒中，用酒精比重计测量酒精度。

5. 品尝

取少量一定浓度（30°～40°）的酒品尝，体会口感。

（二）糯米甜酒的酿制

1. 甜酒培养基制作

称取一定量优质糯米（糙糯米更好），用水淘洗干净后，加水量为米水比 1∶1，加热煮熟成饭。或者将糯米洗净后，用水浸透，沥干水后，加热蒸熟成饭，即为甜酒培养基。

2. 接种

糯米冷却至 35℃以下，加入适量的酒曲（用量按产品说明书）并喷洒一些清水拌匀，然后装入干净的锥形瓶中或装入聚丙烯袋中。装饭量为容器的 1/3～2/3，中央挖洞，饭面上再撒一些酒曲，塞上棉塞或扎好袋口，置 25～30℃下培养发酵。

3. 培养发酵

发酵 2d 便可闻到酒香味，开始渗出清液，3～4d 渗出液越来越多，此时，把洞填平，让其继续发酵。

4. 产品处理

培养发酵至第 7d 取出，把酒糟滤去，汁液即为糯米甜酒原液，加入一定量的水。加热煮沸便是糯米甜酒，即可品尝。

【注意事项】

酿制糯米甜酒时糯米饭一定要煮熟煮透，不能太硬或夹生；米饭一定要凉透至 35℃以下才能拌酒曲，否则会影响正常发酵。

五、结果与分析

记录酵母酒精发酵过程，比较两种培养方法结果的不同，并解释其原因。

记录糯米酿制糯米甜酒的发酵过程，以及糯米甜酒的外观、色、香、味和口感。

六、思考题

① 为什么糯米饭温度要降至 35℃ 以下拌酒曲，发酵才能正常进行？糯米饭一开始发酵时要挖个洞，后来又填平，这有什么作用？

② 甜酒曲中主要有哪些微生物菌群？在整个发酵过程中分别起到什么作用？

③ 制作甜酒酿的关键操作是什么？

实验二十八　食用菌栽培技术

一、实验目的

① 掌握无菌操作法准确进行母种、原种、栽培种的接种；

② 通过培养观察，分析自己的接种结果。

二、实验原理

母种、原种、栽培种都是具有统一血缘关系的祖孙三代，品性相同，只是越来越多，越来越健壮。菌种生产就是从母种开始，到栽培种为止。原种和栽培种的培育方法基本相同，只是在接种时接的菌种级别不一样。两菌种培养基的配方可以相同，也可有所区别，由于栽培种经过了母种及原种两次的驯化，其培养基可比原种培养基更粗放些。

三、试剂与器材

1. 器具

菌种瓶、棉塞、打孔棒、菌种袋、接种耙、大镊子、酒精灯、火柴、酒精棉球、标签、高压灭菌锅、接种箱、消毒药品等。

2. 材料

棉籽壳、麦麸、蔗糖、石灰粉、过磷酸钙、母种、原种等。

四、实验方法

（一）实验内容

① 培养料的配制。

② 斜面、菌种瓶及菌种袋的分装。

③ 母种接种。

④ 原种、栽培种的接种。

（二）方法步骤

原种、栽培种菌种的生产过程基本相同，主要区别在于接种时接的菌种不一样。

1. 培养基的配制

（1）配方与配制

① PDA 培养基

配方：马铃薯（去皮）200g，葡萄糖 20g，KH_2PO_4 3g，$MgSO_4 \cdot 7H_2O$ 1.5g，维生素 B_1 10mg，琼脂 20g，水 1000mL。

首先将马铃薯去皮、洗净、挖去芽眼、切成薄片，称取 200 g，放入铝锅中用 1000mL 清水加热煮沸，维持 20min 左右，煮至软而不烂为止。用双层湿纱布过滤，然后取滤液并补足蒸发损失的水分。再加入琼脂继续加热，待琼脂溶化后，添加葡萄糖及其他成分，搅拌均匀后准备装管。

② 棉籽壳麦麸培养基

配方：棉籽壳 87％，麦麸 10％，蔗糖 1％，石灰 1％，过磷酸钙 1％。

将棉籽壳、麦麸、石灰混合为主料，余料溶解于少量水后浇入主料中。边加清水边翻拌至含水量达 60％～65％（紧握料的指缝中有水渗出而不下滴）。

（2）分装　用 PDA 培养基做斜面，培养基配制后应趁热分装。装管时勿使管内外壁沾上溶液，以免浸湿棉塞，污染杂菌。装管后塞上棉塞。棉塞的大小、松紧度应适宜，以用手提棉塞，试管不脱落为准。然后每 10 支试管扎成一捆，棉塞上方用牛皮纸包好，避免灭菌时被水蒸气浸湿。

原种培养基装入菌种瓶（或其他大口瓶），装量约占瓶高的 1/2（非颗粒培养基可装至瓶肩，用打孔棒打一料孔），瓶口擦净，堵棉塞后外包牛皮纸或双层报纸。

栽培种培养基一般装入聚丙烯菌种袋，上端套颈圈后如同瓶口包扎法。两端开口的菌种袋可将两端扎活结。要求装得外紧内松，培养料须紧贴瓶壁或袋壁。松散的培养料会导致菌丝断裂及影响对养分、水分的吸收。

2. 培养基的灭菌

PDA 培养基一般在 121℃ 灭菌 30min。当培养基的温度降到 60℃ 时，将试管斜面放在木棒上，使呈斜面，斜面的长度以占试管长度的 1/2 为宜。冷却后即成斜面培养基。

原种与栽培种培养基的容器大、装量多，应增加灭菌压力及灭菌时间。高压蒸汽灭菌，一般在 152kPa 压力、温度约 128.1℃ 条件下，保持灭菌时间 1～2h。若采用常压灭菌，须保持最高温度 10h 左右，再闷 1 天或 1 晚。

3. 接种

灭菌后的母种、原种及栽培种培养基应及时运送至无菌环境中，待培养基或培养料温降至约 30℃，进行接种。

（1）母种培养（以组织培养为例）

① 种菇的选择与消毒。选择出菇早，菇形正，菇盖肥厚，具有该品种特征，无病虫害、无杂菌污染，子实体八九分成熟的菇作为种菇。种菇选定后，用 75％ 酒精进行表面消毒。

② 组织块的切取。将斜面培养基放进接种室、接种箱或超净工作台内，用紫外灯（或化学药品）进行消毒 0.5h 以上，关闭紫外灯后 20min 后，再开始进入接种室内进行接种。

接种是一项技术性很强的工作，需要在无菌的环境中以无菌操作方法进行接种，才能减少污染。无菌操作是接种过程中最基本的操作方法，要求操作熟练，动作迅速。用无菌刀在菇柄或菇盖中部纵切一刀，然后用手将菇体掰成两面，在菌柄和菌盖交界处用刀切取 $0.3～0.5cm^2$ 的小方块组织，将其移接到试管内培养基的中央。

（2）接原种　用接种耙取蚕豆大母种（连同培养基），放于瓶中培养料的孔口处（1 支母种约接 5～8 瓶原种）。斜面尖端部分菌种块以及原来的母种块因老化，勿接入。

（3）接栽培种　用大镊子、接种铲或接种匙取枣大原种，放于瓶或袋中料面上（若两端扎活结的菌种袋，每端都要接入原种）。1瓶原种约接60瓶或25袋栽培种。弃去表面老化菌丝及老种块。堵棉塞或用线绳扎袋口。贴标签，注明菌种名称和接种日期。

4. 培养

接种后，将种管、种瓶（袋）置于适温下培养。菌丝培养接后置于25℃恒温箱中培养，2～3天后可见组织块周围产生白色绒毛状菌丝，此时每天要检查杂菌污染情况。培养7～10天后，菌丝即可长满斜面。菌种瓶初放时，应直立于床架上，当菌丝吃料后，再将其横放。菌种袋根据气温可单层或多层叠放。隔4～5天转动或调换位置，以利于受温一致，并避免培养料水分的积累。

【注意事项】

常检查：及时去除出现杂色、黏液及菌种死亡的瓶或袋。

逐渐降温：当菌丝长至料深的1/2时，降温2～3℃，以免料温升高，并有壮丝作用。

注意菌龄：原种约30～40天、栽培种约20～30天菌丝长满，再继续培养7～10天是使用的最好菌龄。

五、结果与分析

及时对实验数据进行整理和分析，每组同学做好一份实验论文PPT，在全班进行交流汇报，老师进行点评。

六、思考题

① 记录实验结果，并对出现的异常现象进行原因分析。

② 原种与栽培种生产过程中有哪些异同点？

③ 颗粒为何要进行泡和煮？

④ 菌种的表面有一块残留的琼脂块，证明该菌种是几级菌种？

⑤ 菌种表面有少许玉米粒或麦粒，证明该菌种是几级菌种？

⑥ 一批菌种在适宜条件下培养了十多天，发现有一瓶菌种块丝毫未萌动，请分析原因。

实验二十九　耐盐碱自生固氮菌的分离与纯化

一、实验目的

掌握固氮菌分离的方法。

二、实验原理

长期以来，农业生产上过量施用化学氮肥破坏了农田生态环境，导致土壤板结与次生盐渍化。田间氮素的流失与淋溶导致水体富营养化与地下水污染，造成农产品硝酸盐含量超标，进而通过食物链危及人类健康。因此，合理开发和利用生物固氮资源，减少化学氮肥施用量，对于保护生态环境，促进农业的可持续发展具有十分重要的意义。

生物固氮可以直接将空气中的氮气转化为植物可利用的氨，供植物生长之需。在农业生产中，生物固氮既增加农作物产量，又降低化肥用量和污染，培肥土壤，故而在维持生态系统平衡方面具有重要作用，其中对固氮微生物的研究已成为生物固氮研究的主体。

土壤中微生物数量众多，在肥沃土壤中固氮菌数量也很多，自然界中多数氮素养料是由微生物固氮的结果，固氮菌一般可分为自生固氮菌和共生固氮菌两类。要分离自生固氮菌，常用阿斯毕（Ashby）无氮培养基这种选择培养基，控制其适宜环境条件，使自生固氮菌在培养基上大量繁殖，然后通过稀释法和划线分离纯化法，使自生固氮菌在培养基上形成单菌落，如分离所得不纯，需要进一步纯化，直到得到纯种。

三、试剂与器材

1. 样品采集

长有植被的盐碱土。

2. 培养基

阿斯毕（Ashby）无氮培养基。

3. 器材

摇床、培养箱、灭菌培养皿、接种针、酒精灯等。

四、实验方法

1. 土壤分析

将三个地方的土样分别称取 6g，分别放入盛有 60mL 无菌水的 3 个锥形瓶中，并置于 170r/min、30℃ 的摇床中，一天后取出，制得样品土壤浸出液，并用 pH 计测出样品土壤中的酸碱度。

2. 自生固氮菌的分离纯化

将已制好的样品土壤混浊液分别在试管中进行浓度梯度稀释。选取三个稀释度（$10^{-4} \sim 10^{-6}$）的稀释液 0.1mL 涂布于 Ashby 无氮固体培养基上，每个浓度重复 3 皿。把已涂好的培养皿放入 30℃ 的培养箱内恒温培养 3~5d 后，挑取生长较大及不同形态的菌落纯化数次，直到有规则的单菌落出现，将单菌落转至斜面培养基上，直至菌落长起，置于 4℃ 冰箱保存，备用。

3. 耐盐碱固氮菌的筛选

将已保存的各菌株接种到 150mL 装有 60mL Ashby 无氮液体培养基的锥形瓶中，30℃，170r/min，培养 4d 后，再接种到 150mL 装有 60mL 改良后的无氮液体选择培养基中，30℃，170r/min 扩大培养，摇瓶培养 5d 后，测定菌液的 OD_{600} 值，筛选出具有一定耐盐碱性的菌株。以上每个步骤均设 3 个重复和 1 个空白对照。

4. 菌株鉴定

将筛选出的具有一定耐盐碱能力的菌株分别接种到 Ashby 无氮培养基平板上，30℃ 倒置培养 5d，观察其菌落形态特征。利用革兰氏染色镜检观察菌体形态。

5. 不同条件对耐盐碱固氮菌生长的影响

（1）渗透压对耐盐碱固氮菌生长的影响 根据土壤分析结果把 Ashby 无氮液体培养基的 pH 值分别固定为 9.00、8.00、7.00，将 NaCl 浓度设为 0.5%、1%、2%、3%、4%、5%，同样将待测菌株的菌悬液 2mL 接入其中，置于 30℃、170r/min 的摇床培养 1d，测定其 OD_{600} 值。设置 3 个重复和 1 个空白对照。

（2）酸碱度对耐盐碱固氮菌生长的影响 把 Ashby 无氮液体培养基的起始 pH 值设定在 6.5、7.5、8.5、9.5、10.5、11 共 6 个水平，

NaCl浓度为2%，将待测菌株的菌悬液接入2mL装有液体培养基的摇瓶中，置于30℃、170r/min的摇床中培养一天，测定其OD_{600}值。设置3个重复和1个对照。

五、结果与分析

① 记录并保存耐盐碱自生固氮菌菌株。

② 结果数据记录在表中29-1、表29-2中。

表 29-1　不同的 NaCl 浓度下菌生长的 OD_{600} 值

样品	pH	0.5%	1%	2%	3%	4%	5%
1	7.00						
2	8.00						
3	9.00						

表 29-2　不同的 pH 值下菌生长的 OD_{600} 值

样品	pH6.5	pH7.5	pH8.5	pH9.5	pH10.5	pH11
1						
2						
3						

六、思考题

① 分析阿斯毕培养基成分，说明其适用于分离自生固氮菌的原因。

② 如何从自然界中分离自己所需要的纯培养？应注意哪些问题？

实验三十　植物叶际冰核细菌的分离、筛选

一、实验目的

① 掌握平板涂布法分离叶际冰核细菌的方法；

② 了解小液滴冻结法检验菌株冰核活性的方法。

二、实验原理

一般认为，霜冻害的发生情况与植物的耐寒能力和低温程度有关，

霜冻被认为是一种气象灾害。1974 年 Maki 首次从赤杨树叶中分离到一类细菌能使植物体内的水在－2～－5℃结冰而发生霜冻，后被称为冰核细菌（ice nucleation active bacteria，简称 INA 细菌）。这些微生物能分泌特定的蛋白质，为冰晶的形成提供必要的凝结核（冰核），使组织中的水在较高的低温条件下发生胞内或胞外结冰，从而加重低温伤害。根据其种类不同分为冰核细菌和冰核真菌，其中以冰核细菌的分布最为广泛，对植物的影响也最显著。冰核细菌的发现引起人们的关注，国内外大量研究证明，在自然界中广泛存在着冰核活性细菌，它可在－2～－3℃诱发植物细胞水结冰而发生霜冻；无 INA 细菌存在的植物，一般可耐－6～－7℃的低温不发生霜冻或发生轻微霜冻。因此，这一发现为研究和防御植物霜冻开辟了一条新途径。

　　除去生物冰核有助于植物保持过冷却状态而防止霜冻。现已查明，田间作物叶片上的生物冰核绝大多数是冰核细菌产生的。霜冻发生前不但要把已有的冰核除去，而且要使冰核菌不再产生新的冰核，才能起到防霜的作用。

　　经调查和研究表明：冰核细菌种类分布受植物种类、地域范围、气象因素和不同的制约而有差异，如在黄瓜、番茄和十字花科植物上主要分布丁香假单胞菌（*P. syringae*）菌群，而在香蕉和禾本科植物上主要分布着草生欧文氏菌（*E. herbicola*）菌群；在我国云南、广西亚热带地区，冬季发生霜冻季节，主要分布着草生欧文氏菌（*E. herbicola*）菌群，其次是丁香假单胞菌（*P. syringae*）菌群，而在北方温带的春、秋霜冻季节，以荧光假单胞菌类为多，其次是草生欧文氏菌（*E. herbicola*）菌群。冰核细菌具有成冰活性高的特点，在许多领域被开发利用。

三、试剂与器材

1. 霜冻标本采集

春季清晨葡萄萌芽期嫩叶。

2. 培养基

（1）甘油酪蛋白水解物培养基　甘油 10 mL，酪蛋白水解物 1g，Na_2HPO_4 2.3g，蔗糖 10g，NH_4Cl 5g，十二烷基硫酸钠 0.6g，琼脂 15g，蒸馏水 1000mL，pH 7.0，121℃灭菌 15min。

（2）蔗糖蛋白胨培养基 蔗糖 20g，蛋白胨 5g，K_2HPO_4 0.5g，$MgSO_4$ 0.25g，琼脂 15g，蒸馏水 1000mL，pH 7.0，121℃灭菌 15min。

（3）欧文氏菌选择性培养基 牛肉膏 3g，蛋白胨 10g，甘油 25mL，NaCl 50g，琼脂 15g，蒸馏水 1000mL，pH7.2，121℃灭菌 15min。

（4）KB 培养基 蛋白胨 20g，甘油 25 mL，K_2HPO_4 1.5g，$MgSO_4$ 1.5g，琼脂 15g，蒸馏水 1000mL，pH 7.2，121℃灭菌 15min。

3. 主要实验仪器

超净工作台、生化培养箱、移液枪、电子天平、电热恒温水浴锅、生物显微镜、高速冷冻台式离心机。

四、实验方法

1. 冰核细菌的分离

采集春季清晨葡萄萌芽期嫩叶。采样时戴上一次性无菌乳胶手套，将阳光未照射到的叶片摘下，收集到洁净的自封袋中，放入冰盒带回实验室。嫩叶样品立即采用平板涂布法分离细菌，若不能立即分离，暂时保存在 4℃冰箱里，并在 1～3d 内完成分离工作。

在超净工作台上用无菌剪刀将样品剪碎混匀，随机称取 1g 放入无菌研钵中，加入少量灭菌的石英砂充分研磨，用含 0.1%蛋白胨的无菌水定容到 10mL，在 200r/min，25℃处理 1h，静置 5min。取 1mL 上清液进行 10 倍系列梯度稀释，从 10^{-3}、10^{-4}、10^{-5} 3 个稀释度中分别吸取 0.1mL 稀释液涂布在各种培养基上，18℃培养 3～5d，长出的菌落根据形状、颜色、大小、边缘及表面特性等性状初步分类，并采用各自的分离培养基划线纯化至没有杂菌。

2. 冰核活性的测定

采用小液滴冻结法检验菌株冰核活性的有无，并测定其活性的强弱。

在超净工作台上挑取长出的各种菌落，接种在 KB 平板上，24℃培养 72h。用超纯水冲洗菌苔，调整菌液浓度约 10^8cfu/mL（用 KB 平板计数），4℃处理 5h，作为冰核活性测试液。

在不超过 20℃的环境温度下，以超纯水为对照，测定每个菌株 10^8cfu/mL 菌液在 −5℃下 5min 内的 10 滴液滴的冻滴率，每个重复有

20％以上小液滴结冰认为该菌株具有冰核活性，实验重复 3 次。筛选出来的冰核细菌接种到 KB 斜面上，在 24℃培养 48h 后保存在 4℃冰箱内备用。

五、结果与分析

① 记录冰核细菌的分离情况。
② 根据冰核活性测定结果，保存冰核活性强的冰核菌株。

六、思考题

① 用什么方法可以抑制冰核细菌活性？
② 根据常识及所学知识，试分析冰核细菌在我们的生产生活中的应用。

实验三十一 常见药用植物内生菌的分离、筛选

一、实验目的

① 掌握内生菌的分离筛选方法；
② 筛选到具有高效抑菌效果的菌株。

二、实验原理

植物内生菌（endophyte）是指一类在部分或者全部生活史中存活于健康植物组织内部，不引发宿主植物表现出明显感染症状的微生物，包括内生真菌、内生细菌、内生放线菌。目前已报道在各种农作物及经济作物中发现的植物内生细菌已超过 129 种，分属于 54 个属。内生菌具有合成与宿主植物相同或相似的活性成分的功能。因此，具有重要经济价值的药用植物的内生菌已成为筛选新活性物质的重要资源。

马齿苋（*Portulaca oleracea* L.）系马齿苋属一年生肉质野生草本植物，是常见的中草药之一。马齿苋可发挥散血消肿、清热解毒、止痢消炎等功效，有"天然抗生素"的说法。

三、试剂与器材

1. 供试植物

新鲜的野生马齿苋，取自野外。

2. 检测菌

大肠杆菌、串珠镰孢菌、禾谷镰刀菌、玉米弯孢菌。

3. 培养基

内生菌分离和纯化采用 PDA 培养基；检测菌生长采用牛肉膏蛋白胨琼脂培养基；液体发酵及抑菌活性测定采用 PDA 培养基。

4. 药敏试纸

药敏试纸，购自北京天坛药物生物技术开发公司。强力霉素药敏纸片 $30\mu g/$片，青霉素药敏试纸 $10\mu g/$片，庆大霉素药敏试纸 $10\mu g/$片。

四、实验方法

1. 内生菌分离

将马齿苋的叶、茎或根，分别以自来水洗净，再用 75% 酒精浸洗，经无菌水反复冲洗后放入 0.1% 氯化汞中消毒，接着用无菌水冲洗，将消毒后不同部位切成 0.5cm×0.5cm 大小的片段种植于培养基内，每平皿接种 3 块组织，重复 3 次，于 28℃ 下静置培养 3～7d。根据菌落形态、颜色的差异以及长出时间的不同，分别挑取各菌落边缘菌丝转接到新鲜 PDA 培养基平板上再培养数日，观察记录菌落的形态，将经纯化后的菌株分别接入斜面 PDA 培养基中保存备用，并进行菌种编号：叶、茎、根中分离的内生菌菌株分别编号为 Y-1，Y-2，…，Y-n；J-1，J-2，…，J-n；G-1，G-2，…，G-n。

2. 抑菌活性筛选

（1）内生菌发酵液的制备　在纯化用的 PDA 培养基上，用 0.4cm 打孔器在菌落平板上各打取 10 块菌饼，接种于装有 100mL PDA 培养基的 250mL 摇瓶中，静置 24h 后，于摇床 28℃，160r/min 恒温培养 7d，制备成单个内生菌的发酵产物。将摇瓶取下静置后，3500r/min 离心 10min，取上清发酵液 4℃保存备用。

（2）配制 10^6 cfu/mL 的检测菌悬液　用接种环取少许检测菌分别

接于 5mL 营养培养基中，37℃培养 24h 进行活化。采用微量稀释法将活化后菌种以生理盐水配成 $1×10^6$ cfu/mL 的检测菌悬液，进行内生菌抑菌效果的研究。

（3）内生菌发酵液抑菌能力的测定　采用圆片滤纸扩散法，测定分离得到的内生菌抑菌活性。在无菌条件下，取 $1×10^6$ cfu/mL 的检测菌悬液 100μL 均匀涂布于 LB 平板上，将吸有发酵液的无菌滤纸置于培养基中，每种发酵液重复 3 次，以无菌水作对照，37℃培养 7～8h 后，测定其抑菌圈直径，取其平均值为该菌株发酵产物的抑菌直径。各样品抑菌效果的判定标准为：抑菌圈直径＞15mm 时为高度敏感；10～15mm 时为中度敏感；7～9mm 时为低度敏感；无抑菌圈者为不敏感。

3. 最大抑菌活性菌代谢产物的抑菌作用

无菌操作下，取 100μL 检测菌悬液均匀涂布于 LB 平板，放置约 30min 后，将在最大抑菌活性菌发酵液中浸泡 2.5h 的 0.9cm 无菌滤纸片接种到指示菌平板上，静置 10min 后，同时以青霉素、强力霉素与庆大霉素等药敏试纸做对比实验，37℃培养 24h，观察各平板上检测菌的生长情况及抑菌圈大小；每个样品分别接种 3 个平板，以测得抑菌圈直径平均值为该样品抑菌圈值。

五、结果与分析

（1）内生菌分离结果　见表 31-1。

表 31-1　马齿苋内生菌的分离结果

组织	分离菌株数	分离率
根		
茎		
叶		
总数		

（2）内生菌发酵液抑菌效果　见表 31-2。

表 31-2　内生菌发酵液抑菌效果

菌株号	检测菌抑制情况			
	串珠镰孢菌	禾谷镰刀菌	大肠杆菌	玉米弯孢菌
Y-n				
J-n				
G-n				

（3）抑菌活性菌发酵液与抗生素抑菌活性对比　见表 31-3。

表 31-3　抑菌活性菌发酵液与抗生素抑菌活性对比

样品	检测菌抑制情况			
	串珠镰孢菌	禾谷镰刀菌	大肠杆菌	玉米弯孢菌
发酵液 青霉素 庆大霉素 强力霉素				

六、思考题

① 内生菌抑菌活性物质的作用效果受什么因素影响？
② 试述筛选出的内生菌的应用。

实验三十二　碱性蛋白酶高产菌株的选育

一、实验目的

① 学习用选择平板从自然界中分离胞外蛋白酶产生菌的方法；
② 学习并掌握细菌菌株的摇瓶液体发酵技术；
③ 掌握蛋白酶活力测定的原理与基本方法。

二、实验原理

碱性蛋白酶是一类最适 pH 为碱性的蛋白酶，在轻工业、食品、医药工业中用途非常广泛。该酶最早发现于猪胰腺中，1945 年瑞士人 Dr. Jaag 等发现地衣芽孢杆菌能够产生该类酶，从此开启了人们利用微生物生产碱性蛋白酶的历史。微生物来源的碱性蛋白酶都是胞外酶，与动植物来源的碱性蛋白酶相比具有产酶量高、适合大规模工业生产的优点。因此，微生物碱性蛋白酶在整个酶制剂产业中一直都占有很大的市场份额，被认为是最重要的应用型酶类。

从自然界中筛选获取有用的微生物资源一直是微生物学的一项重要工作，也是学习微生物学的学生应该掌握的基本技能。根据最终目的的不同，有用微生物的筛选千差万别，其中能够产生胞外蛋白酶的细菌可通过在牛奶或干酪素平板上形成的蛋白水解圈很方便地筛选获取，容易保证实验的成功。

能够产生胞外蛋白酶的菌株在牛奶平板上生长后，其菌落周围可形成明显的蛋白水解圈。水解圈与菌落直径的比值，常作为判断该菌株蛋白酶产生能力的初筛依据。但是，由于不同类型的蛋白酶（例如酸性或中性蛋白酶）都能在牛奶平板上形成蛋白水解圈，细菌在平板上的生长条件也和液体环境中的生长情况相差很大，因此在平板上产圈能力强的菌种不一定就是碱性蛋白酶的高产菌株。通过初筛得到的菌株还必须用发酵培养基进行培养，通过对发酵液中蛋白酶活力的仔细调查、比较，才有可能真正得到需要的碱性蛋白酶高产菌株，这个过程被称为复筛。需要指出的是，因为不同菌株的适宜产酶条件差异很大，常需要选择多种发酵培养基进行产酶菌株的复筛工作，否则有可能漏掉一些已经得到的高产菌株。例如，本实验推荐使用的玉米粉-黄豆饼粉培养基可用于对芽孢杆菌属细菌的产酶能力进行比较，对于其他属种的细菌未必合适。

碱性蛋白酶活性测定的原理是 Folin 试剂与酚类化合物（Tyr、Trp、Phe）在碱性条件下发生反应形成蓝色化合物，用蛋白酶分解酪蛋白（底物）生成含酚基的氨基酸与 Folin 试剂呈蓝色反应，通过分光光度计比色测定可知酶活力大小。

三、试剂与器材

（一）材料和试剂

蛋白胨、酵母粉、脱脂奶粉、琼脂、干酪素、三氯乙酸、NaOH、Na_2CO_3、Folin、酪氨酸、蒸馏水。

（二）培养基和试剂的配制

1. 牛奶平板

在普通肉汤蛋白胨固体培养基中添加终浓度为 1.5% 的牛奶。脱脂奶粉用水溶解后应单独灭菌（0.06MPa，30min），铺平板前再与加热熔化的肉汤蛋白胨培养基混合。

2. 发酵培养基

玉米粉 4%，黄豆饼粉 3%，Na_2HPO_4 0.4%，KH_2PO_4 0.03%，

用 3mol/L NaOH 调节 pH 值至 9.0，在 0.1MPa 条件下灭菌 20min；250mL 锥形瓶的装瓶量为 30mL。

3. pH11 的硼砂-NaOH 缓冲液

准确称取硼砂 19.08g，将其溶于 1000mL 水中；再称取 NaOH 4g，溶于 1000mL 蒸馏水中，二液等量混合。

4. 酪蛋白（2%）

称取 2g 干酪素，用少量 0.5mol/L NaOH 溶液润湿后加入适量 pH11 的硼砂-NaOH 缓冲液，加热溶解，定容至 100mL，4℃冰箱中保存，使用期不超过 1 周。

注意：用于湿润干酪素的 NaOH 溶液的量不宜过多，否则会影响配制溶液的 pH 值；加热溶解过程中可使用玻璃搅拌棒不断地碾压干酪素颗粒，帮助其溶解。

（三）设备与仪器

分光光度计、恒温摇床、高压灭菌锅、恒温水浴锅、锥形瓶、试管、涂布棒、玻璃搅拌棒、吸管、玻璃小漏斗、滤纸。

四、实验方法

1. 用选择平板分离蛋白酶产生菌株

取少量土样混于无菌水中，梯度稀释后涂布到牛奶平板上，37℃培养 30h 左右观察；建议用地衣芽孢杆菌作为对照菌株。

从家畜饲养、屠宰等动物性蛋白丰富的地点土壤中筛选获得高产蛋白酶菌株的概率更大，若条件许可，建议尽量选择这样的地点进行采样。

2. 产蛋白酶菌株的观察与转移

对牛奶平板上的总菌数和产蛋白酶的菌数进行记录，选择蛋白水解圈最大的 10 个菌落，进行编号，用直尺分别测量、记录菌落和透明圈的直径，然后转接到肉汤琼脂斜面上，37℃培养过夜。

3. 用发酵培养基测定蛋白酶产生菌株的碱性蛋白酶活力

将初筛获得的 10 株蛋白酶产生菌和作为对照的地衣芽孢杆菌一起接种到发酵培养基中，37℃，200r/min 摇床培养 48h。

为避免误差，有条件的情况下上述菌株每个应平行接种 3 瓶发酵培养基。

4. 酶活力的测定

（1）酶活力标准曲线的制作　用酪氨酸配制 $0\sim100\mu g/mL$ 的标准溶液，取不同浓度的酪氨酸溶液 1mL 与 5mL0.4mol/L Na_2CO_3、1mL Folin 试剂混合，40℃水浴中显色 30min，在 680nm 处测定吸光度，以吸光度为纵坐标、酪氨酸浓度为横坐标绘制标准曲线，进行线性拟合，得到标准曲线方程；求出吸光度为 1 时相当的酪氨酸质量（μg），即 K 值（对普通 721 型分光光度计，采用 0.5cm 比色杯测定的 K 值一般在 $200\mu g$ 左右）。

（2）测定碱性蛋白酶活力　将发酵液离心或过滤后按照表 32-1 中从上到下的顺序测定碱性蛋白酶的活力。

表 32-1　碱性蛋白酶活力测定程序

空白对照	样品
发酵液(或其稀释液)1mL	发酵液(或其稀释液)1mL
0.4mol/L 三氯乙酸 3mL	2%酪蛋白 1mL
2%酪蛋白 1mL	40℃水浴保温 10min
	0.4mol/L 三氯乙酸 3mL
静置 15min,使蛋白质沉淀完全,然后用滤纸过滤,滤液应清亮,无絮状物	
取滤液 1mL	
加 0.4mol/L Na_2CO_3 5mL	
加 Folin 试剂 1mL	
40℃水浴保温 20min,于 680nm 处测定吸光度	

五、结果与分析

1. 酶活力计算方法

碱性蛋白酶活力单位 U，以每毫升或每克样品在 40℃，pH11（或其他碱性 pH 值条件下）条件下，每分钟水解酪蛋白所产生的酪氨酸质量（μg）来表示。

$$碱性蛋白酶活力(U)=K\times A\times N\times 5/10$$

式中　K——由标准曲线求出光密度为 1 时相当的酪氨酸质量，μg；

　　　N——稀释倍数；

A——样品 OD 值与空白对照 OD 值之差；

5/10——因测定中吸取的滤液是全部滤液的 1/5，而酶反应时间为 10min。

2. 实验结果

将结果填入表 32-2 中，并对每个菌株的菌落情况进行简单说明。

表 32-2 结果记录表

菌株编号	菌落直径	蛋白水解圈直径	蛋白水解圈/菌落直径比值	发酵液中酶活力			
				1	2	3	平均酶活力
对照							

注：对照为地衣芽孢杆菌。

六、思考题

① 在选择平板上分离获得蛋白酶产生菌的比例如何？试结合采样地点进行分析。

② 在选择平板上形成蛋白透明水解圈大小为什么不能作为判断菌株产蛋白酶能力的直接证据？试结合你初筛和复筛的结果进行分析。

实验三十三 苏云金芽孢杆菌的分离及抑菌、杀虫活性的鉴定

一、实验目的

① 掌握醋酸钠筛选法分离苏云金芽孢杆菌的方法；

② 分离筛选具有较好抑菌及杀虫效果的细菌菌株。

二、实验原理

玉米螟由于其钻蛀特点，普通化学农药很难防治，国内外主要使用

赤眼蜂（*Trichogramma ostriniae*）、球孢白僵菌（*Beauveria bassiana*，*Bb*）、苏云金芽孢杆菌（*Bacillus thuringiensis*，*Bt*）等生物防治手段。苏云金芽孢杆菌属于革兰氏阳性细菌，能在生长后期产生杀死昆虫的伴孢晶体蛋白，广泛存在于各种栖息环境，包括土壤、昆虫尸体、存储物以及叶片表面等。伴孢晶体蛋白（parasporal crystal protein），又称 δ-内毒素，是苏云金芽孢杆菌的主要杀虫成分，主要包括 Cry 和 Cyt 蛋白。研究证明，*Bt* 对环境以及非靶标生物是安全的，因此，*Bt* 作为生物杀虫剂被广泛用于农业害虫的防治。*Bt* 对多种害虫具有特异杀虫活性，并且具有高效、安全及特异性强等特点，已被广泛应用于农业害虫的防治；也有研究表明，该抑菌物质对苹果轮纹菌（*Dothiorella gregaria*）、苹果褐斑病菌（*Marssonina mali*）、尖孢镰刀菌（*Fusarium oxysporum*）、白菜黑斑菌（*Alternaria brassicae*）等植物病害微生物有明显的抑菌作用。

由于醋酸钠能有效抑制苏云金芽孢杆菌芽孢的萌发，使其能通过热处理而不被杀死，其他芽孢杆菌（如蜡状芽孢杆菌、地衣芽孢杆菌）的芽孢，由于不能被醋酸钠有效抑制而萌发形成营养体，在高温处理下会被杀死，从而有效筛选出苏云金芽孢杆菌菌株。

三、试剂与器材

（1）菌源　玉米叶样品，*Bt* 拟步甲亚种（*Bacillus thuringiensis* subsp. *tenebrionis*，简称 *Btt*）。

（2）培养基

醋酸钠培养基：牛肉膏 0.5%，蛋白胨 1.0%，醋酸钠 4.0%，pH 7.0。

琼脂基础培养基：牛肉膏 0.5%，蛋白胨 1.0%，NaCl 0.5%，琼脂 2.0%，pH 7.0。

1/2LB 培养基（g/L）：胰蛋白胨 5，酵母粉 2.5，氯化钠 5（固体培养基加琼脂粉 15）。

发酵培养基（g/L）：葡萄糖 20，蛋白胨 20，无水氯化钙 0.8，K_2HPO_4 1.3，$MgSO_4$ 0.2，$MnSO_4 \cdot H_2O$ 0.8，调节 pH 值为 7.0～7.2，封口灭菌备用。

抑菌培养基（g/L）：牛肉膏 3、蛋白胨 10、氯化钠 5、琼脂 15。

（3）水　采用无菌水。

（4）其他　无菌培养皿、无菌移液管、玻璃涂棒等。

四、实验方法

1. 菌种分离

将田间不同地段所取 50 份玉米叶样品分别进行粉碎，取 2g 加入盛有 50mL 醋酸钠培养基（牛肉膏 0.5%、蛋白胨 1.0%、醋酸钠 4.0%、pH 7.0）的 300mL 锥形瓶中，180r/min，30℃振荡培养 4h 后，转到 80℃热水中水浴 20min，再吸取 100μL 摇瓶培养液，均匀涂布于琼脂基础培养基上，每个样品涂布 5 个平板。将培养基置于 30℃恒温培养箱培养 48h，选取表面干燥扁平、乳白色或淡黄色、毛玻璃状等具有典型 Bt 菌落特征的菌落进一步纯化培养。其中，样品的分离率和出菌率的计算公式分别如下：

$$分离率(\%)=\frac{Bt\ 分离株数量}{芽孢杆菌分离数量}\times100\%$$

$$出菌率(\%)=\frac{Bt\ 分离株数量}{采集样品数量}\times100\%$$

2. 杀虫活性的测定

（1）菌悬液的制备　将 Bt 菌株在 300mL LB 培养基中 30℃以 200r/min 摇床培养 72h，4℃离心收集菌体（12000r/min，10min），再用 1mol/L 预冷的 NaCl 溶液洗涤菌体，重复此步骤 3 次，然后将菌体悬浮于 15mL 冰冷的 50mmol/L Na₂CO₃（pH 10.0）中，再用超声波破碎仪（VCX750，Sonics and Materials，INC.，USA）提取总蛋白液。

（2）生物毒力测定　采用浸叶法测定 Bt 菌株对玉米螟的毒力。将幼嫩玉米叶剪成小片，在总蛋白液中浸泡 30min，中途翻动浸泡 3~4 次，使叶片每个位置都能浸润到蛋白液，取出叶片，于 28~30℃环境中自然晾干后放入培养皿中，以水、Bt 蛋白液浸泡的烟叶分别作为阴性对照和阳性对照。每个培养皿中放入 15 头 2~3 龄的玉米螟幼虫，于 28℃、相对湿度 75% 的人工气候箱中饲养（L/D：12h/12h）。分别于药后 2d、3d、5d、7d 观察幼虫死亡数，计算死亡率(%) 和校正死亡率(%)。

$$死亡率(\%)=\frac{试验前活虫数-试验后活虫数}{试验前活虫数}\times100\%$$

$$校正死亡率(\%)=\frac{处理死亡率-对照死亡率}{100\%-对照死亡率}\times100\%$$

3. 抑菌作用测定

(1) 发酵液预处理　将甘油管保存的 Bt185、HD-1 菌株分别接入灭好菌的 1/2LB 液体培养基中（约 10μL），30℃ 下培养 8～12h（$OD_{600}>0.8$），为种子液。将上述种子液分别按 5%（体积分数）接入灭好菌的发酵培养基中，30℃ 振荡发酵 48～50h。发酵液以 4500r/min 离心 15min，取上清液，浓缩 10 倍。

(2) 抗菌谱　采用牛津杯法测定发酵液对供试菌的抑菌活性。将供试菌种子液按 5%（体积分数）接种入抑菌培养基中，将处理后的发酵液 150μL 加入牛津杯孔中，按供试菌的适宜温度放入相应温度的培养箱中培养 12h，测量抑菌圈直径。牛津杯为内径（6±0.1）mm、外径（8±0.1）mm、高（10±0.1）mm 的圆筒形小管。

(3) 发酵液稳定性测定

① 发酵液热处理　取适量处理后的发酵液分成 10 等份，分别在 4℃ 冰箱、室温约 20℃（对照）、30℃、40℃、50℃、60℃、70℃、80℃、90℃、100℃ 温度梯度下恒温 2h，分别测定抑菌圈（大肠杆菌、金黄色葡萄球菌、变形杆菌）大小。

② 发酵液酸碱处理　取适量处理后的发酵液分成 9 等份，分别调 pH 值为 3、4、5、6、自然 pH 约为 7（对照）、8、9、10、11，2h 后调回自然 pH，分别测定抑菌圈（大肠杆菌、金黄色葡萄球菌、变形杆菌）大小。

③ 发酵液超声处理　取适量处理后的发酵液分成 10 等份，在温度 40℃、功率 360W 超声条件下，分别超声 0.5h、1h、1.5h、2h、2.5h、3h、3.5h、4h、4.5h、5h，分别测定抑菌圈（大肠杆菌、金黄色葡萄球菌、变形杆菌）大小。

④ 发酵液紫外处理　取适量处理后的发酵液分成 10 等份，放在 20W 紫外灯下 15min、30min、45min、60min、75min、90min、105min、120min、135min、150min，分别测定抑菌圈（大肠杆菌、金黄色葡萄球菌、变形杆菌）大小。

五、结果与分析

① 记录苏云金芽孢杆菌分离结果。

② 通过计算死亡率（％）和校正死亡率（％）鉴定不同苏云金芽孢杆菌杀虫活性。

③ 记录不同苏云金芽孢杆菌发酵液抑菌效果。

菌株号	检测菌抑制情况		
	金黄色葡萄球菌	变形杆菌	大肠杆菌
1 2 3			

六、思考题

试述苏云金芽孢杆菌在农业上的应用。

实验三十四 微生物遗传育种实验

——氨基酸营养缺陷型突变株的筛选

一、实验目的

① 了解营养缺陷型突变株选育的原理；

② 学习并掌握细菌氨基酸营养缺陷型的诱变、筛选与鉴定方法。

二、实验原理

营养缺陷型是指野生型菌株由于某些物理因素或化学因素处理，使编码合成代谢途径中某些酶的基因突变，丧失了合成某些代谢产物（如氨基酸、核酸碱基、维生素）的能力，必须在基本培养基中补充该种营养成分，才能正常生长的一类突变株。这类菌株可以通过降低或消除末端产物浓度，在代谢控制中解除反馈抑制或阻遏，而使代谢途径中间产物或分支合成途径末端产物积累。在氨基酸、核苷酸生产中已广泛使用营养缺陷型菌株。

三、试剂与器材

1. 菌种

大肠杆菌。

2. 培养基

细菌完全培养基（CM）；细菌基本培养基（MM）；无氮基本培养基；二倍氮源培养基。

3. 仪器

台式离心机、恒温培养箱、电炉等。

四、实验方法

（一）培养基制备、细菌对数期培养

1. 配制培养基

每组的配量：

① 肉汤培养基（细菌基本培养基）：100mL。

取 10mL 肉汤培养基分装 2 支小试管，包扎，灭菌。

② 完全培养基：在剩余的 90mL 肉汤培养基中加入琼脂，装入锥形瓶中，包扎，灭菌。

③ 无氮培养基：100mL。

取 10mL 无氮培养基分装 2 支大试管，包扎，灭菌。

④ 二倍氮源培养基：在剩余的 90mL 无氮培养基中加入 0.2% $(NH_4)_2SO_4$，装入锥形瓶中，包扎，灭菌。

⑤ 生理盐水：100mL。

2. 做对数期培养

取一支肉汤培养基，接入大肠杆菌，于 30℃下培养 24h。

（二）制备菌悬液、紫外线诱变

1. 离心洗涤菌体

将对数期培养的菌液，进行 2500r/min 离心 5min，倒掉上清液，加入 5mL 生理盐水振荡混匀后，再进行一次离心。

2. 配制菌液和诱变

菌液：在离心后的菌体中加入生理盐水，振荡混匀后，倒入无菌平皿中，加入生理盐水，使总液量达到 10mL。

诱变：在 30cm 处，用 15W 紫外灯照射菌液 40s 后，置于暗处 2h。

中间培养：取诱变后的菌液 1mL，加入 5mL 肉汤培养基中，32℃培养。

（三）淘汰野生型菌株

1. 无氮、二倍氮培养

将菌液离心洗涤后，加入 5mL 无氮培养基中，饥饿培养 2h 后，加入二倍氮源培养基中再培养 2h，恢复野生型的生长。

2. 青霉素杀死野生型

加入 200U/mL 的青霉素 1mL，于 30℃下培养。

（四）涂 CM 平皿、培养突变型

1. 倒 CM 平板

熔化完全培养基，倒 2 个平板。

2. 稀释和涂 CM 平板

将培养液进行 10^{-1}、10^{-2} 稀释梯度，各吸取 0.1mL 分别接入 2 个平板，进行培养。

（五）检出缺陷型

1. 倒 CM、MM 平板

熔化 CM、MM 培养基，各制备一个平板。在平板下贴好画有 20 个小格的纸（见图 34-1）。

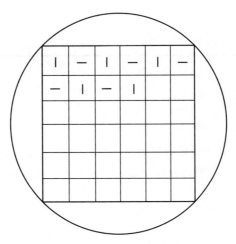

图 34-1　平面点种示意图

2. 用逐个检出法检测

用牙签挑取 20 个长势良好的菌落，先接在 MM 培养基的一个位点上，再接 CM 培养基的相应位点上，操作时要避免带入 CM 培养基成分。37℃培养 48h。

（六）测定生长谱

① 制备 MM 平板。在培养皿底部划分 5 个区域，作好标记。

② 将可能是营养缺陷型的菌株，制备菌悬液，接种于平板上。

③ 在相应的区域加入不同的氨基酸组，进行培养。

（七）鉴定缺陷型

观察菌的生长情况，确定氨基酸缺陷型。

【注意事项】

① 紫外线照射时注意保护眼睛和皮肤。

② 诱变过程及诱变后的稀释操作均在紫外灯下进行，并在黑暗中培养。

五、结果与分析

观察诱变后不同菌株的营养缺陷类型，填入表 34-1。

表 34-1　诱变后不同菌株的营养缺陷类型

编号	组氨酸	苏氨酸	谷氨酸	天冬氨酸	亮氨酸	甘氨酸
1						
2						
3						
4						

六、思考题

① 试述紫外线诱变的作用机理及其在具体操作中应注意的问题。

② 你认为以上的筛选方法有什么优缺点？如何改进？

③通过实验，说明营养缺陷型筛选过程中，每一环节所体现的实验思想和目的。

附　　录

微生物实验常用菌种及其学名

细菌

菌种中文名称	拉丁学名	菌种中文名称	拉丁学名
蜡状芽孢杆菌	*Bacillus cereus*	黄色短杆菌	*Brevibacterium flavum*
枯草芽孢杆菌	*Bacillus subtilis*	大肠埃希菌	*Escherichia coli*
地衣芽孢杆菌	*Bacillus licheniformis*	保加利亚乳杆菌	*Lactobacillus bulgaricus*
嗜热脂肪芽孢杆菌	*Bacillus stearothermophilus*	德氏乳酸杆菌	*Lactobacillus delbrueckii*
苏云金芽孢杆菌	*Bacillus thuringiensis*	醋酸杆菌属	*Acetobacter*
巨大芽孢杆菌	*Bacillus megaterium*	铜绿假单胞菌	*Pseudomonas aeruginosa*
破伤风梭菌	*Clostridium tetani*	金黄色葡萄球菌	*Staphylococcus aureus*
肉毒梭状杆菌	*Clostridium botulinum*	鼠伤寒沙门氏菌	*Salmonella typhimurium*

放线菌

菌种中文名称	拉丁学名	菌种中文名称	拉丁学名
链霉菌属	*Streptomyces*	孢囊链霉菌属	*Streptosporangium*
灰色链霉菌	*Streptomyces griseus*	游动放线菌属	*Actinoplanes*
吸水链霉菌	*Streptomyces hygroscopicus*	小单孢菌属	*Micromonospora*

真菌

菌种中文名称	拉丁学名	菌种中文名称	拉丁学名
黑曲霉	*Aspergillus nige*	里氏木霉	*Trichoderma reesei*
黄曲霉	*Aspergillus flavus*	白色念珠菌	*Monilia albican*
米曲霉	*Aspergillus oryzae*	产朊假丝酵母	*Candida utilis*
青霉属	*Penicillium*	酿酒酵母	*Saccharomyces cerevisiae*

续表

菌种中文名称	拉丁学名	菌种中文名称	拉丁学名
产黄青霉	*Penicillium chrysogenum*	粗糙脉孢菌	*Neurospora crassa*
毛霉属	*Mucor*	巴氏毕赤酵母	*Pichia pastoris*
米根霉	*Rhizopus oryzae*	红酵母属	*Rhodotorula*
木霉属	*Trichoderma*	白地霉	*Geotrichum candidum*

附录 2　常用培养基成分及其配制

一、细菌常用培养基

1. 营养肉汤（多数细菌培养之用）

牛肉膏 0.5g，蛋白胨 1g，氯化钠 0.5g，蒸馏水 100mL，pH 7.2～7.4，121℃灭菌 15min。

2. 营养肉汤琼脂

牛肉膏 0.5g，蛋白胨 1g，氯化钠 0.5g，蒸馏水 100mL，琼脂 1.5～2.0g，pH 7.2～7.4，121℃灭菌 15min。

注：用于倾注平板法菌落计数，琼脂量为 1.5%；用于涂布平板法菌落计数或制成斜面，琼脂量为 2%；制成半固体培养基，琼脂量为 0.7%～0.8%。

3. LB（Luria-Bertani）培养基

胰蛋白胨 1g，氯化钠 1g，酵母提取物 0.5g，蒸馏水 100mL，pH 7.0，121℃灭菌 20min。

注：含氨苄青霉素 LB 培养基，待 LB 培养基灭菌后冷至 50℃左右加入抗生素，至终浓度为 80～100mg/L

4. 明胶培养基

牛肉膏 0.5g，蛋白胨 1g，氯化钠 0.5g，明胶 12g，pH 7.2～7.4，112℃灭菌 20min。

5. 乙酸菌培养基

豆芽汁（10%～20%）100mL，葡萄糖 5g，碳酸钙 2g，pH 自然，115℃灭菌 20min。

豆芽汁制备：称取 10～20g 豆芽，加 100mL 水，煮沸半小时后用纱布过滤，水补足原量，再加入蔗糖 5g，pH 自然。

6. 丙酸菌培养基

乳酸钙 2g，蛋白胨 2g，磷酸氢二钾 0.2g，氯化钠 0.2g，蒸馏水 100mL，pH 6.9～7.2，121℃灭菌 15min。

7. 乳酸菌培养基

麦芽汁 2.5g，蛋白胨 0.5g，牛肉膏 0.4g，氯化钠 0.3g，碳酸钙适量，蒸馏水 100mL，121℃灭菌 15min。

8. BCG 牛乳培养基

A 溶液：脱脂乳粉 100g，水 500mL，加入 1.6% 溴甲酚绿（B.C.G）乙醇溶液 1mL，80℃灭菌 20min。

B 溶液：酵母膏 10g，水 500mL，琼脂 20g，pH6.8，121℃湿热灭菌 20min。

以无菌操作趁热将 A、B 溶液混合均匀后倒平板。

9. 双歧杆菌增殖培养基

葡萄糖 2%，酵母浸出膏 1%，胰蛋白胨 0.5%，牛肉膏 0.5%，大豆蛋白胨 0.5%，低聚果糖 0.5%，牛肝浸液 5%，K_2HPO_4 0.2%，NaCl 0.3%，L-半胱氨酸盐酸盐 0.1%，pH 7.5，121℃灭菌 15min。

10. 己酸菌培养菌

乙酸钠 5g，磷酸氢二钾 0.4g，硫酸镁 0.2g，硫酸铵 0.5g，酵母膏 1g，碳酸钙 10g，蒸馏水 100mL，121℃灭菌 15min。

注：灭菌后接种前再加入碳酸钙。

二、霉菌与酵母菌常用培养基

1. MY 培养基（酵母菌保藏用）

麦芽汁 0.3mL，葡萄糖 1g，酵母膏 0.3g，蛋白胨 0.5g，琼脂 2g，蒸馏水 100mL，115℃灭菌 20min。

2. PYG 培养基（酵母菌保藏用）

蛋白胨 0.35g，酵母膏 0.3g，葡萄糖 1g，硫酸铵 0.1g，磷酸二氢钾 0.2g，硫酸镁 0.1g，琼脂 2g，蒸馏水 100mL，115℃灭菌 20min。

3. YPD 培养基

葡萄糖 2g，胰蛋白胨 2g，酵母膏 1g，蒸馏水 100mL，pH

5.0～5.5，115℃灭菌 20min。

4. 查氏（Czapack）培养基

硝酸钠 0.3g，氯化钾 0.05g，磷酸氢二钾 0.1g，硫酸铁 0.001g，硫酸镁 0.5g，蔗糖 3g，琼脂 2g，蒸馏水 100mL，pH 自然，115℃灭菌 20min。

5. 麸皮培养基

麸皮 3.5g，琼脂 2g，自来水 100mL，pH 自然，121℃灭菌 15min。

制法：煮沸 0.5h，用棉花或者纱布过滤，去残渣，滤液补足水分。

6. 马丁氏（Martin）培养基

葡萄糖 1g，蛋白胨 0.5g，磷酸二氢钾 0.1g，硫酸镁 0.05g，孟加拉红溶液（1mg/mL）0.33mL，去氧胆酸钠溶液 2mL（单独灭菌，临用前加入），链霉素溶液（10000U/mL）0.33mL（单独灭菌，临用前加入），蒸馏水 100mL，pH 自然，112℃灭菌 30min。

7. 马铃薯汁琼脂培养基（PDA）

马铃薯（去皮）20g，葡萄糖 1g，水 100mL，琼脂 2g，pH 自然，121℃灭菌 15min。

制法：取新鲜马铃薯，去皮，挖掉芽眼，洗净，切片；称取 20g，切成小块；加入 100mL 水煮沸 30min，用双层纱布过滤，滤液补足水分。

8. 麦芽汁琼脂培养基

麦芽汁制备方法：取大麦芽一定数量，粉碎，1 份麦芽加 4 份水，在 60～65℃保温糖化，不断搅拌 3～4h，直到液体中无淀粉反应为止（检查方法为取糖化液 0.5mL，加碘液 2 滴，如无蓝色出现，即糖化完），用 4～6 层纱布过滤。滤液如混浊不清，可用蛋清加水（一个蛋清加水约 20mL），调匀至有泡沫为止。然后倒入糖化液中搅拌，煮沸后再用滤纸或脱脂棉过滤，即得澄清的麦芽汁，再加水稀释成 8～10°Bé 的麦芽汁。

麦芽汁琼脂培养基制备：麦芽汁 150mL、琼脂 3g，自然 pH（约 6.4），121℃高温高压灭菌 20min 后倒平板。

三、放线菌常用培养基

1. PSA（放线菌菌种保藏）

酵母膏 0.2g，可溶性淀粉 1g，琼脂 2g，蒸馏水 100mL，pH 7.2，

121℃灭菌 15min。

2. 高氏Ⅰ号培养基（适用于多数放线菌保藏，孢子生长良好）

可溶性淀粉 2g，硝酸钾 0.1g，氯化钠 0.05g，磷酸氢二钾 0.05g，硫酸镁 0.05g，硫酸铁 0.001g，蒸馏水 100mL，pH 7.2～7.4，121℃灭菌 15min。

3. 高氏Ⅱ号培养基（菌丝生长良好）

蛋白胨 0.5g，葡萄糖 1g，氯化钠 0.5g，蒸馏水 100mL，pH 7.2～7.4，121℃灭菌 15min。

4. 马铃薯蔗糖培养基

20％马铃薯浸汁 100mL，蔗糖 2g，琼脂 2g，pH 6.0，121℃灭菌 15min。

附录3 常用染色液和试剂的配制

一、染色液

1. 吕氏美蓝染色液

A 液：美蓝（又称次甲基蓝、亚甲基蓝、甲烯蓝）0.6g，95％乙醇 30mL。

B 液：0.01％氢氧化钾溶液 100mL。

将美蓝溶解于乙醇中，然后与氢氧化钾溶液混合。

2. 草酸铵结晶紫液

A 液：结晶紫 2g，95％乙醇 20mL。

B 液：草酸铵 0.8g，蒸馏水 80mL。

将 B 液加入 A 液即成。

3. 石炭酸乳酸溶液（观察霉菌形态用）

石炭酸 10g，乳酸（相对密度 1.21）10mL，甘油 20mL，蒸馏水 10mL。

将石炭酸倒入水中加热分解，然后慢慢加入乳酸和甘油。

4. 革兰氏染色液

（1）草酸铵结晶紫溶液（革兰氏 A 液）

A 液：结晶紫 2g，95％乙醇 20mL。

B 液：草酸铵 0.8g，蒸馏水 80mL。

将 B 液加入 A 液即成。

（2）卢戈氏碘液（革兰氏 B 液）　碘片 1g，碘化钾 2g，蒸馏水 300mL。

先将碘化钾溶解于少量水中，再加入碘，待完全溶解后，加足水分即成。

（3）95％乙醇（脱色剂）。

（4）番红（沙黄）染液（复染剂）　番红 2.5g，95％乙醇 10mL，蒸馏水 100mL。

将番红溶解于 95％乙醇中，再加蒸馏水，混合过滤。

5. 芽孢染色液

（1）孔雀绿染液　孔雀绿 5g，蒸馏水 100mL。

（2）番红染液　番红 0.5g，蒸馏水 100mL。

（3）碱性复红染色液（芽孢及伴孢晶体观察）　碱性复红染料 0.5 g，95％乙醇 20 mL，蒸馏水。

将染料溶于乙醇中，然后加蒸馏水稀释至 100 mL。如有不溶物时，可以用滤纸过滤，或静置后取上清液备用。

6. 荚膜染色液

（1）负染色法　6％葡萄糖水溶液，绘图墨水，无水乙醇，番红染液。

（2）奥尔特氏荚膜染色液　番红 3 g，蒸馏水 100 mL。

用乳钵研磨溶解。

7. 鞭毛染色液

（1）银染法

A 液：单宁酸 5 g，氯化铁 1.5 g，蒸馏水 100 mL，15％福尔马林 2 mL，1％氢氧化钠 1 mL。

B 液：硝酸银 2 g，蒸馏水 100 mL。

A 液配好后，当天使用，次日效果差，第 3 天就不好使用。

B 液配制时，待硝酸银溶解后，取出 10 mL 备用，向其余的 90 mL 硝酸银中滴加浓 NH_4OH，使之成为很浓的悬浮液，再继续滴加 NH_4OH，直到新形成的沉淀又重新刚刚溶解为止。再将备用的 10 mL

硝酸银慢慢滴入，则溶液出现薄雾，但轻轻摇动后，薄雾状的沉淀又消失，继续滴加硝酸银，直到摇动后仍呈现轻微而稳定的薄雾状沉淀为止。

如所呈雾不重，此染剂可使用 1 周；如雾重，则说明银盐沉淀出，不宜使用。通常在配制当天使用，冰箱内保藏 1 周可以使用。

（2）利夫森氏（Leifson）鞭毛染色液

A 液：氯化钠 1.5 g，蒸馏水 100 mL。

B 液：单宁酸 3 g，蒸馏水 100 mL。

C 液：碱性复红 1.2 g，95％乙醇 100 mL。

临用前将 A、B、C 三种染色液取等量混合。

8. 酵母子囊孢子染液

（1）石炭酸番红染液　番红 0.1 g，95％乙醇 10 mL，30％石炭酸溶液 90 mL。

将番红溶解于乙醇中，然后加入 30％石炭酸溶液。

（2）3％盐酸-乙醇　浓盐酸 3 mL，95％乙醇 97 mL。

（3）1％美蓝染液。

9. 细胞壁染色液

（1）单宁酸法

A 液：5％单宁酸水溶液。单宁酸 5 g，蒸馏水 100 mL。

B 液：0.2％结晶紫水溶液。结晶紫 0.2 g，蒸馏水 100 mL。

（2）磷钼酸法

A 液：1％磷钼酸水溶液。磷钼酸 1 g，蒸馏水 100 mL。

B 液：1％甲基绿水溶液。甲基绿 1 g，蒸馏水 100 mL。

10. 乳酸石炭酸棉蓝染液（观察真菌形态用）

石炭酸 10 g，乳酸（相对密度为 1.21）10 mL，甘油（相对密度为 1.25）20 mL，蒸馏水 10 mL，棉蓝 0.02 g。

配制时先将石炭酸放入水中加热溶解，然后慢慢加入乳酸及甘油，最后加入棉蓝即成。

11. 脂肪粒染液

苏丹黑 B 液（Sudan black B）：苏丹黑 0.5 g，70％酒精 100 mL，二甲苯，0.5％番红水溶液。

二、常用试剂

1. 碘液 （淀粉水解实验）

碘片 1 g，碘化钾 2 g，蒸馏水 300 mL。

2. 0.85%生理盐水

氯化钠 0.85 g，蒸馏水 100 mL。

3. 费林试剂甲液 （还原糖测定试剂）

精确称取五水硫酸铜 5g，美蓝 0.05g，用蒸馏水溶解后，于 500mL 容量瓶中加蒸馏水定容。

4. 费林试剂乙液 （还原糖测定试剂）

精确称取氢氧化钠 54g，酒石酸钾钠 50g，亚铁氰化钾 4g，用蒸馏水溶解后，于 500mL 容量瓶中加蒸馏水定容。

5. 0.1%标准葡萄糖液

精确称取预先在 105℃ 干燥至恒重的无水葡萄糖 （AR）(1.00± 0.002)g，用蒸馏水溶解后，于 1000mL 容量瓶中加蒸馏水定容。

三、抗生素溶液

1. 链霉素溶液 （10000U/mL）

标准链霉素制品为 10000000U/瓶，先准备好 100mL 无菌水，在无菌条件下用无菌移液管吸取 0.5mL 无菌水加入链霉素标准制品瓶中，待链霉素溶解后取出加至另一无菌锥形瓶中，如上操作反复用无菌水洗链霉素标准瓶 5 次，最后，将所剩余无菌水全部转移至链霉素溶液中为止，此链霉素溶液为 10000U/mL。

2. 氨苄青霉素溶液 （8mg/mL 和 25mg/mL）

称取氨苄青霉素 （医用粉剂） 8mg 和 25mg，分别溶于 1mL 无菌蒸馏水中，临用时配制，或临用时再经滤膜器过滤除菌。

四、指示剂

1. 0.04%甲基红溶液

甲基红 0.04g，95%乙醇 60mL，蒸馏水 40mL。

2. 0.04%溴甲酚紫水溶液

溴甲酚紫 0.04g，蒸馏水 100mL。

3. 1.6%溴甲酚紫乙醇溶液

溴甲酚紫 1.6g，95%乙醇 50mL，蒸馏水 50mL（储存于棕色瓶中备用）。

4. 1%石蕊溶液

石蕊 1g，蒸馏水 100mL。

5. 2%伊红液

伊红 2g，蒸馏水 100mL。

6. 5%碱性品红乙醇溶液

碱性品红 5g，95%乙醇 100mL。

7. 0.65%美蓝溶液

美蓝 0.65g，蒸馏水 100mL。

8. 0.1%孟加拉红溶液

孟加拉红 100mg，蒸馏水 100mL。

9. 0.2%溴麝香草酚蓝溶液

溴麝香草酚蓝 0.2g，0.1mol/L 氢氧化钠 5mL，蒸馏水 95mL。

附录 4　常用缓冲液配制表

在加入一定量的酸或碱时，溶液的氢离子浓度改变甚微或者几乎不变，此种溶液称为缓冲溶液。该溶液内所含物质称为缓冲剂，缓冲剂组成多为弱酸及其共轭碱，或弱碱及其共轭酸，调节两者比例可配成各种 pH 的缓冲液。

1. 0.1mol/L 磷酸缓冲液（pH 6.0、pH 7.0）（附表 1）

K_2HPO_4 分子量为 174.18，0.1mol/L 溶液为 17.4g/L，称取 17.4g K_2HPO_4 溶解于蒸馏水中，定容至 1000mL。

KH_2PO_4 分子量为 136.09，0.1mol/L 溶液为 13.6g/L，称取 13.6g KH_2PO_4 溶解于蒸馏水中，定容至 1000mL。

附表1　0.1mol/L 磷酸缓冲液配制

pH	0.1mol/L　K$_2$HPO$_4$/mL	0.1mol/L KH$_2$PO$_4$/mL
6.0	13.2	86.8
7.0	61.5	38.5

2. 0.2mol/L 磷酸缓冲液（pH 5.8、pH 6.0、pH 7.4）（附表2）

Na$_2$HPO$_4$·2H$_2$O 分子量为 178.05，0.2mol/L 溶液含 35.61g/L，称取 35.61g Na$_2$HPO$_4$·2H$_2$O，溶解于蒸馏水中，定容至 1000mL。

NaH$_2$PO$_4$·H$_2$O 分子量为 138.01，0.2mol/L 溶液含 27.6g/L，称取 27.6g NaH$_2$PO$_4$·H$_2$O，溶解于蒸馏水中，定容至 1000mL。

附表2　0.2mol/L 磷酸缓冲液配制

pH	0.2mol/L Na$_2$HPO$_4$/mL	0.2mol/L NaH$_2$PO$_4$/mL
5.8	8.0	92.0
6.0	12.3	87.7
7.4	81.0	19.0

附录5　常用消毒剂表

名称	主要性质	浓度及使用方法	用途
升汞	杀菌力强,腐蚀金属器械	0.05%~0.1%	植物组织和虫体外消毒
甲醛 (市售含量为37%~40%)	挥发慢,刺激性强	10mL/m² 加热熏蒸	接种室消毒
乙醇	消毒力不强,对芽孢无效	70%~75%	皮肤消毒
苯酚	杀菌力强,有特殊气味	3%~5%	接种室、器皿消毒
新洁尔灭	易溶于水,刺激性小,稳定,对芽孢无效	0.25%	皮肤及器皿消毒
醋酸	浓烈酸味	5~10mL/m³ 加等量水蒸发	接种室消毒
高锰酸钾溶液	强氧化剂,稳定	0.1%	皮肤及器皿消毒

续表

名称	主要性质	浓度及使用方法	用途
硫黄	粉末,通过燃烧产生SO_2,杀菌,腐蚀金属	15g 硫黄/m^3 熏蒸	空气消毒
生石灰	杀菌力强,腐蚀性大	1%～3%	消毒地面及排泄物
来苏尔	杀菌力强,有特殊气味	3%～5%	接种室、表面消毒
漂白粉	有效氯易挥发,腐蚀金属及棉制品,刺激皮肤,易潮解	3%～5%	喷洒接种室和培养室
84 消毒液	有效氯(次氯酸钠)含量为1.1%～1.3%,可杀灭肠道致病菌、化脓性球菌和细菌芽孢,有刺激性气味,具腐蚀性	1 份消毒剂＋24 份水混合 有效氯含量:500mg/L	表面擦拭、喷洒或浸泡

参 考 文 献

[1] 沈萍, 范秀容, 李广斌. 微生物学实验. 第三版. 北京: 高等教育出版社, 2001.

[2] 黄秀梨. 微生物学实验指导. 北京: 高等教育出版社, 1999.

[3] 杨新美. 中国食用菌栽培学. 北京: 农业出版社, 1988.

[4] 张松. 食用菌学. 广州: 华南理工大学出版社, 2000.

[5] 袁丽红. 微生物学实验. 北京: 化学工业出版社, 2010.

[6] 杨革. 微生物学实验教程. 北京: 科学出版社, 2010.